"十二五"职业教育国家规划教材
经全国职业教育教材审定委员会审定

数控机床电气线路装调

第3版

主　编　邵泽强
副主编　凌红英　沈丁琦
参　编　沈　洁　陈庆胜　李　坤
　　　　陈昌安

机械工业出版社
CHINA MACHINE PRESS

《数控机床电气线路装调 第2版》是“十二五”职业教育国家规划教材，本书是在其基础上根据教育部颁布的《高等职业学校专业教学标准》，同时参考数控机床装调维修工职业资格标准及职业技能鉴定规范修订而成的。本书采用国家现行标准，突出实践性、实用性和先进性，主要内容包括FANUC数控系统的硬件连接、系统各画面的操作、伺服参数的设定与调整、PMC的硬件连接与地址设定、常见机床操作面板的PMC编程、数控车床的自动换刀控制、主轴单元的调整、参考点的调整、通电与运转方式、数控机床故障诊断与排除，共计十个项目。

本书可作为五年制高等职业院校数控技术专业、数控设备应用与维护专业、机电设备安装与维修专业、机电一体化专业教材，也可作为数控装调维修工技能培训教材及相关项目的技能大赛参考用书。

为方便教学，本书配套有教学视频，并以二维码的形式穿插于各个项目之中。另外，本书还配套有电子课件、习题答案等资源。凡选择本书作为教材的教师可登录www.cmpedu.com网站，注册、免费下载。

图书在版编目（CIP）数据

数控机床电气线路装调/邵泽强主编．—3版．—北京：机械工业出版社，2019.9（2025.1重印）
“十二五”职业教育国家规划教材 经全国职业教育教材审定委员会审定
ISBN 978-7-111-63881-0

Ⅰ.①数… Ⅱ.①邵… Ⅲ.①数控机床-电气控制-高等职业教育-教材 Ⅳ.①TG659

中国版本图书馆CIP数据核字（2019）第214526号

机械工业出版社（北京市百万庄大街22号 邮政编码100037）
策划编辑：赵红梅 责任编辑：赵红梅
责任校对：张 力 封面设计：张 静
责任印制：常天培
固安县铭成印刷有限公司印刷
2025年1月第3版第6次印刷
184mm×260mm · 12印张 · 295千字
标准书号：ISBN 978-7-111-63881-0
定价：39.00元

电话服务	网络服务
客服电话：010-88361066	机 工 官 网：www.cmpbook.com
010-88379833	机 工 官 博：weibo.com/cmp1952
010-68326294	金 书 网：www.golden-book.com
封底无防伪标均为盗版	机工教育服务网：www.cmpedu.com

前 言

《数控机床电气线路装调 第 2 版》是按照教育部《关于开展“十二五”职业教育国家规划教材选题立项工作的通知》，经全国职业教育教材审定委员会审定的“十二五”职业教育国家规划教材。本书是在其基础上根据教育部颁布的《高等职业学校专业教学标准》，同时参考数控机床装调维修工职业资格标准及职业技能鉴定规范修订而成的。

本书编写过程中力求体现职业教育的特色，在内容处理上主要有以下特点：

1）适应职业教育培养目标和企业技术进步、职业岗位变化要求，遵循职业教育发展本身的规律，落实企业人才发展战略的需要。

2）以现代企业中使用最多的主流 FANUC 0i D 系列数控系统为对象，内容上按项目→任务展开，体现了职业教育“做中教、做中学”的教学特色，涵盖了典型数控机床电气安装的主要任务。

3）根据目前全国职业院校数控实训设备一般水平，每个项目设计为约 12 课时，分组完成，每组为 2~4 人，共用一台机床，组内成员需要相互配合、分工协作才能完成整个项目要求的任务。

4）对一些应该养成的良好工作习惯和操作禁忌加以重点强调，提醒学生注意，这样对于学生综合职业能力的培养以及职业素养的养成都具有重要作用。

本书主要内容包括 FANUC 数控系统的硬件连接、系统各画面的操作、伺服参数的设定与调整、PMC 的硬件连接与地址设定、常见机床操作面板的 PMC 编程、数控车床的自动换刀控制、主轴单元的调整、参考点的调整、通电与运转方式、数控机床故障诊断与排除，共计十个项目。本书配套立体化教学资源，包括教学视频、电子课件、教案等，实现线上线下立体化教学。

本书由无锡机电高等职业技术学校与亚龙智能装备集团股份有限公司共同组织编写，由邵泽强任主编，凌红英、沈丁琦任副主编，沈洁、陈庆胜、李坤、陈昌安任参编。本书经全国职业教育教材审定委员会审定，教育部专家在评审过程中对本书提出了宝贵的建议，在此对他们表示衷心的感谢！在本书编写过程中，编者参阅了国内外出版的有关教材和资料，得到了编者所在单位领导和专家的有益指导，在此一并表示衷心感谢！

由于编者水平有限，书中不妥之处在所难免，恳请广大读者批评指正。

编 者

目　录

前　言

项目一　FANUC数控系统的硬件连接 …… 1
任务一　认识常见数控机床的结构与电气控制要求 …… 1
任务二　FANUC 数控系统的结构与组成单元 …… 6
任务三　FANUC 数控系统的硬件连接 …… 21

项目二　系统各画面的操作 …… 30
任务一　FANUC 系统面板的组成 …… 30
任务二　数控系统各画面的操作 …… 35

项目三　伺服参数的设定与调整 …… 45
任务一　数控机床基本参数的设置 …… 45
任务二　数控机床进给参数的设置 …… 54
任务三　系统参数的备份 …… 61

项目四　PMC的硬件连接与地址设定 …… 69
任务一　FANUC I/O 单元的组成及软件使用 …… 69
任务二　FANUC PMC 画面的操作 …… 75

项目五　常见机床操作面板的PMC编程 …… 103
任务一　数控机床的方式选择 …… 103
任务二　数控机床的轴进给控制 …… 111

项目六　数控车床的自动换刀控制 …… 117
任务一　数控车床手动方式下的换刀控制 …… 117
任务二　数控车床自动方式下的换刀控制 …… 121

项目七　主轴单元的调整 …… 127
任务一　主轴速度与换档控制 …… 127

任务二　主轴编码器的设定…………………………………………………………… 134

项目八　参考点的调整 …………………………………………………………… 146
任务一　使用挡块返回参考点………………………………………………………… 146
任务二　无挡块返回参考点…………………………………………………………… 152

项目九　通电与运转方式 ………………………………………………………… 156
任务一　通电回路检查………………………………………………………………… 156
任务二　手动连续进给调试…………………………………………………………… 160
任务三　手轮功能调试………………………………………………………………… 165

项目十　数控机床故障诊断与排除 ……………………………………………… 171
任务一　刀架功能的故障诊断与排除………………………………………………… 171
任务二　主轴功能的故障诊断与排除………………………………………………… 175
任务三　伺服进给功能的故障诊断与排除…………………………………………… 180
参考文献………………………………………………………………………………… 186

项目一　FANUC数控系统的硬件连接

项目描述

本项目分三个任务，即认识常见数控机床的结构与电气控制要求、FANUC 数控系统的结构与组成单元和 FANUC 数控系统的硬件连接。

机床控制电路在设计时应考虑机床所采用的功能部件，结合数控系统、伺服系统、I/O 单元模块连接的要求和特点。机床各功能部件的工作原理各有不同，但 FANUC 公司主要产品的控制原理和连接方式是相同的。

项目重点

1. 了解数控机床的机械布局。
2. 掌握常见 FANUC 数控系统各功能模块的组成。
3. 掌握常见 FANUC 数控系统的硬件连接。

任务一　认识常见数控机床的结构与电气控制要求

任务目标

1. 了解常见数控机床的布局形式与结构特点。
2. 熟悉常见数控机床的电气控制要求。
3. 掌握典型数控机床的电气控制实现方法。

数控系统基础知识（上）

相关知识

数控系统基础知识（下）

一、数控车床

1. 数控车床的功能及结构特点

数控车床作为目前使用最广泛的数控机床之一，主要用于加工轴类与盘类零件。它通过程序控制可以自动完成内圆和外圆柱面、圆锥面、圆弧面、螺纹等的切削加工，并能进行切槽、钻孔、扩孔和铰孔等工作。与传统车床相比，数控车床的加工精度高、稳定性好、适应性强、操作劳动强度低，特别适用于复杂形状的零件和对精度要求较高的中、小批量零件的加工。近年来新出现的数控车削中心有主、副轴，可以完成工件左、右端面加工。若与自动送料器配套，还可以进行棒料自动切削与自动加工。

数控车床品种繁多、规格不一。按数控系统功能分为全功能型和经济型两种；按主轴轴线处于水平位置或垂直位置分为卧式与立式。一般数控车床为两坐标控制，分别是 X 轴与 Z 轴。

2. 数控车床的机械布局

数控车床的机械布局直接影响其结构和使用性能，因此十分重要。数控车床的床身结构和导轨有多种形式，主要有平床身和斜床身。

（1）平床身车床

平床身车床的床身加工工艺好，其刀架水平放置，有利于提高刀架的运动精度，但这种结构的床身下部空间小，排屑困难。床身导轨常采用宽支撑 V—平型导轨。主轴做旋转运动，是数控车床的主运动，需要进行速度控制与反馈，一般采用变频调速异步电动机与伺服电动机；进给轴进行插补运动，需要有较好的定位精度，一般采用步进电动机与伺服电动机驱动；刀架采用电动换刀，也需要有一定的定位精度与自动换刀功能；还需要包含润滑、冷却、排屑等辅助功能。平床身车床如图 1-1-1 所示。

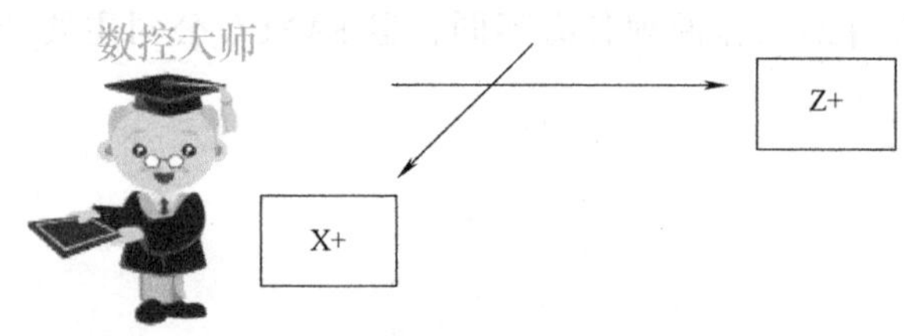

操作车床前，一定要弄清楚进给轴的运动方向

图 1-1-1 平床身车床

（2）斜床身车床

斜床身车床外形美观、占地面积小，易于排屑和冷却液排流，便于操作者操作与观察，易于安装上下料机械手，实现全面自动化，它还可以采用封闭截面整体结构，以提高床身的刚度。斜床身车床的主运动也是主轴的旋转运动，大部分的卡盘采用液压控制，其他要求与平床身车床相同。斜床身车床如图 1-1-2 所示。

图 1-1-2 斜床身车床

3. 数控车床的数控系统功能

（1）控制轴（坐标）运动功能

数控车床一般设有两个坐标轴（X 轴、Z 轴），其数控系统具备控制两轴运动的功能。

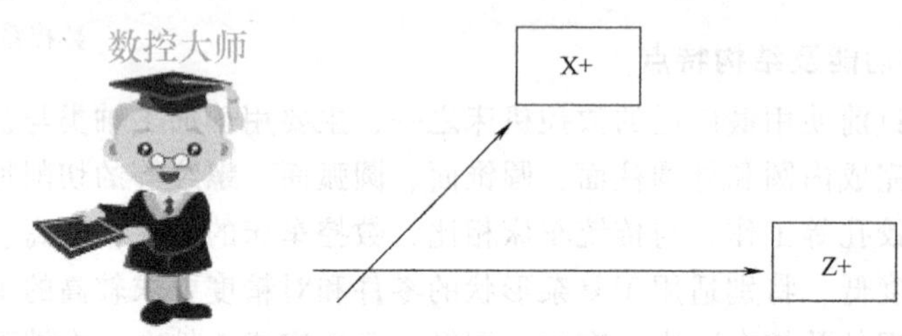

斜床身的 X 轴与平床身的 X 轴运动方向一般相反

(2) 刀具位置补偿

数控车床有位置补偿功能，可以完成刀具磨损和刀尖圆弧半径补偿以及安装刀具时产生的误差的补偿。

(3) 车削固定循环功能

数控车床具有各种不同形式的固定切削循环功能，如内外圆柱面固定循环、内外圆锥面固定循环、端面固定循环等。利用这些固定循环指令可以简化编程，提高加工效率。

(4) 准备功能

准备功能也称为G功能，是用来指定数控车床动作方式的功能。G代码指令由G代码和它后面的两位数字组成。

(5) 辅助功能

辅助功能也称为M功能，用来指定数控车床的辅助动作及状态。M代码指令由M代码和它后面的两位数字组成。

(6) 主轴功能

数控车床的主轴功能主要表示主轴转速或线速度。主轴功能由字母S及其后面的数字表示。

(7) 进给功能

数控车床的进给功能主要表示加工过程各轴的进给速度。进给速度功能指令由F代码及其后面的数字组成。

(8) 刀具功能

刀具功能又称为T功能。根据加工需要，在某些程序段通过指令进行选刀和换刀。刀具功能指令用字母T及其后面的四位数表示。

二、数控铣床

1. 数控铣床的功能与结构特点

数控铣床是采用铣削方式加工工件的数控机床。其加工功能很强，能够铣削各种平面轮廓和立体轮廓零件，如凸轮、模具、叶片、螺旋桨等。配上相应的刀具后，数控铣床还可用来对零件进行钻、扩、铰、镗孔加工及攻螺纹等。数控铣床的主轴一般采用变频控制与伺服控制；进给轴采用伺服控制，低端的铣床也有采用步进电动机驱动的；还包含润滑、冷却、排屑等辅助功能。数控铣床按主轴布局方式大致可以分为立式铣床与卧式铣床。

2. 数控铣床的机械布局

(1) 立式数控铣床

立式数控铣床的主轴轴线垂直于水平面，是数控铣床中最常见的一种布局形式，应用范围也最广泛，如图1-1-3所示。

图1-1-3 立式数控铣床

(2) 卧式数控铣床

卧式数控铣床的主轴轴线平行于水平面，主要用于加工零件的侧面轮廓。

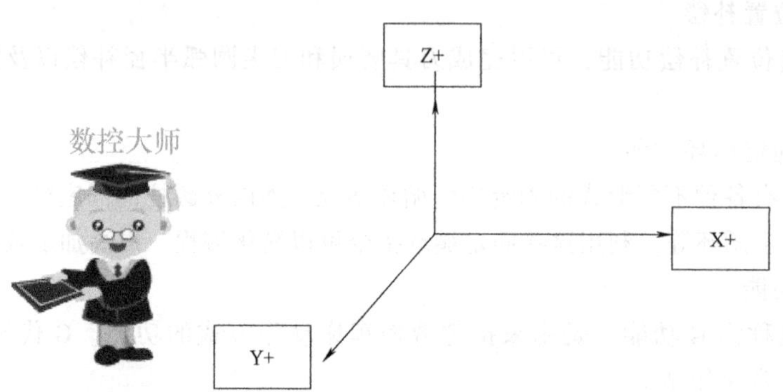

立式数控铣床Z轴向下为Z轴负方向，操作时注意进给速度！

3. 数控铣床的数控系统功能

(1) 控制轴运动功能

数控系统能独立控制X、Y、Z三个轴之中的任一个轴，自动加工过程中可以同时控制三个轴。

(2) 刀具自动补偿功能

数控铣床的刀具补偿包括刀具半径自动补偿和刀具长度自动补偿两种。

(3) 固定循环功能

数控铣床的固定循环功能主要指孔加工的固定循环功能，包括深孔钻削循环、攻螺纹循环、定点钻孔循环等。这些加工的共同特点是一个加工过程要反复多次执行几个基本动作，按一般方式编程，需要较长的程序，而利用数控系统的固定循环功能可以大大简化程序。

(4) 镜像功能

镜像功能也称为轴对称加工功能。当工件具有相对于某一轴对称的形状时，就可以利用此功能和调用子程序的方法，只对工件的一部分进行编程，就能加工出工件的整体。

(5) 准备功能

准备功能也称为G功能，是用来指定数控铣床动作方式的功能。G代码指令由G代码和它后面的两位数字组成。

(6) 辅助功能

辅助功能也称为M功能，用来指定数控铣床的辅助动作及状态。M代码指令由M代码和它后面的两位数字组成。

(7) 主轴功能

数控铣床主轴功能主要表示主轴转速。主轴功能由字母S及其后面的数字表示。

(8) 进给功能

数控铣床的进给功能主要表示加工过程中各轴的进给速度。进给速度功能指令由F代码及其后面的数字组成。

三、加工中心

1. 加工中心的功能与结构特点

加工中心是在数控铣床的基础上发展起来的，早期的加工中心就是指配有自动换刀装置和刀库并能在加工过程中实现自动换刀的数控镗铣床。所以它和数控铣床有很多相似之处，

不过它的结构和控制系统功能都比数控铣床复杂得多。通过在刀库上安装不同用途的刀具，加工中心可在一次装夹中实现零件的铣、钻、镗、铰、攻螺纹等多种加工过程。

2. 加工中心的机械布局

（1）立式加工中心

立式加工中心的主轴垂直设置，一般具有三个坐标轴，可以实现三轴联动，如图 1-1-4 所示。

（2）卧式加工中心

卧式加工中心的主轴水平设置，便于加工零件侧面，如图 1-1-5 所示。

图 1-1-4　立式加工中心

图 1-1-5　卧式加工中心

（3）复合加工中心

复合加工中心指立、卧两用加工中心，即兼有立式加工中心和卧式加工中心的功能。

任务实施

根据表 1-1-1 的控制要求，填写相对应的控制方式。

表 1-1-1　按控制要求填入对应控制方式

机床类型	控制要求	控制方式实现
数控车床	主轴可以实现无级调速	例答：可以使用变频调速异步电动机与伺服电动机
	主轴可以实现低转速与大转矩加工	
	主轴可以进行速度反馈与车削螺纹	
	进给轴实现开环控制	
	进给轴实现半闭环控制	
	进给轴实现闭环控制	
	进给轴可以实现无挡块回零	
	可以实现自动换刀	
	主轴可以实现无级调速	
	主轴可以实现低转速与大转矩加工	
	主轴可以进行速度反馈	
	进给轴实现开环控制	
	进给轴实现半闭环控制	
	进给轴实现闭环控制	
	进给轴可以实现无挡块回零	
	可以实现自动换刀	

任务评价

填写任务评价表见表 1-1-2。

表 1-1-2 任务评价表

产品类型	所连接实训台规格
系统型号	
任务评价结果	
主轴无极调速	
主轴实现速度反馈与车削螺纹	
进给轴实现半闭环控制	
进给轴可以无挡块回零	
可以实现自动换刀	

思考题

1. 数控车床是如何实现车削螺纹的？
2. 加工中心如何实现自动换刀？

任务二 FANUC 数控系统的结构与组成单元

任务目标

1. 了解 FANUC 数控系统的发展与结构。
2. 熟悉常见的 FANUC 数控系统。
3. 掌握常见 FANUC 数控系统的硬件连接。

相关知识

一、FANUC 公司产品简介

FANUC 公司是全球著名的、影响力较大的计算机数字控制系统（Computer numerical control，CNC）生产厂家之一，其产品以高可靠性著称，其技术居于世界领先地位。

FANUC 公司的主要产品生产与开发情况：

1956 年，开发了日本第一台点位控制的数控 NC。

1959 年，开发了日本第一台连续控制的 NC。

1960 年，开发了日本第一台开环步进电动机直接驱动的 NC。

1966 年，采用集成电路的 NC 开发成功。

1968 年，全世界首台计算机群控数控系统（DNC）开发成功。

1977 年，开发了第一代闭环控制的 CNC 系列产品 FANUC5/7 与直流伺服电动机。

1979 年，开发了第二代闭环数控系统系列产品 FANUC6 系统。

1982 年，开发了第二代闭环功能精简型数控系统 FANUC3 系统与交流伺服电动机。

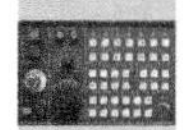

1984 年，开发了第三代闭环数控系统 FANUC10/11/12，采用了光缆通信技术。

1985 年，开发了第三代闭环功能精简型数控系统 FANUC0 系统。

1987 年，开发了 FANUC15 系列的 CNC。

1995~1998 年，开始在 CNC 中应用 IT 网络与总线技术。

2000 年，开发了 FANUC 0i MODEL A 数控系统。

2002 年，开发了 FANUC 0i MODEL B 数控系统。

2003~2005 年，相继开发了 FANUC 30i/31i/32i 系统与 FANUC 0i MODEL C 数控系统。

2008 年，在中国市场推出 FANUC 0i MODEL D 数控系统。

FANUC 0i MODEL C 数控系统，可以满足绝大多数 5 轴以内数控机床的控制要求，产品的生产与销量巨大，在国内市场使用较广泛。

系统 FANUC 0i MODEL D 是 FANUC 32i 系统的简化版本。

二、FANUC 0i MODEL D 系统的功能和主要特点

1. 系统伺服采用多通道控制

FANUC 0i TD 系统是两个通道，CNC 最大控制轴数为 8 轴、2 个主轴，联动轴数为 4 轴；FANUC 0i MD 系统是 1 个通道，CNC 最大控制轴数为 5 轴、2 个主轴，联动轴数为 4 轴；FANUC 0i Mate D 系统是 1 个通道，CNC 最大控制轴数为 3 轴、1 个主轴，联动轴数为 3 轴。

2. 具有多种语言指定功能

系统有 18 种语言指定功能，机床报警信息可以通过汉字显示，更加便于维修。更改语言后，不需要重启系统，即可生效。

3. 加工程序的仿真功能

加工程序可以通过系统仿真来进行程序的检查。程序通过三维图显示，可以更加直观和快捷地进行修改。

4. 误操作防止功能

系统误操作防止功能包含加工程序的误操作、刀偏误操作、坐标偏移误操作及坐标系设定误操作 4 项功能的设定和确认，使机床操作更安全可靠。

5. 定期维护功能

定期维护画面是对耗件（如 LED 单元的背光灯管和后备电池等）进行管理的画面。通过这一画面的使用，便于用户管理需要定期更换的耗件。

6. 系统参数设定帮助菜单功能

系统参数设定帮助菜单主要是伺服参数的引导和伺服的自动调整设定，使机床达到优化控制，实现数控加工的高精度控制。

7. 系统保护级别的设定功能

系统保护分为 8 个级别，其中 4~7 级别通过口令进行设定，使系统部分参数安全等级更高，如系统 CNC 参数、系统 PMC 参数等。

8. 系统具有以太网功能

标准配置支持 100Mbit/s 嵌入式以太网，CNC 可以和个人计算机相连，传输 CNC 程序和监控 CNC 状态。

三、FANUC 0i MODEL D 系统端口功能与连接

1. FANUC 0i MODEL D 系统的硬件

该系统硬件上增加了很多部件，如标配以太网口（mate 的不含）、系统状态显示数码管等。图 1-2-1 所示为 FANUC 0i D/0i mate D 系统接口图。

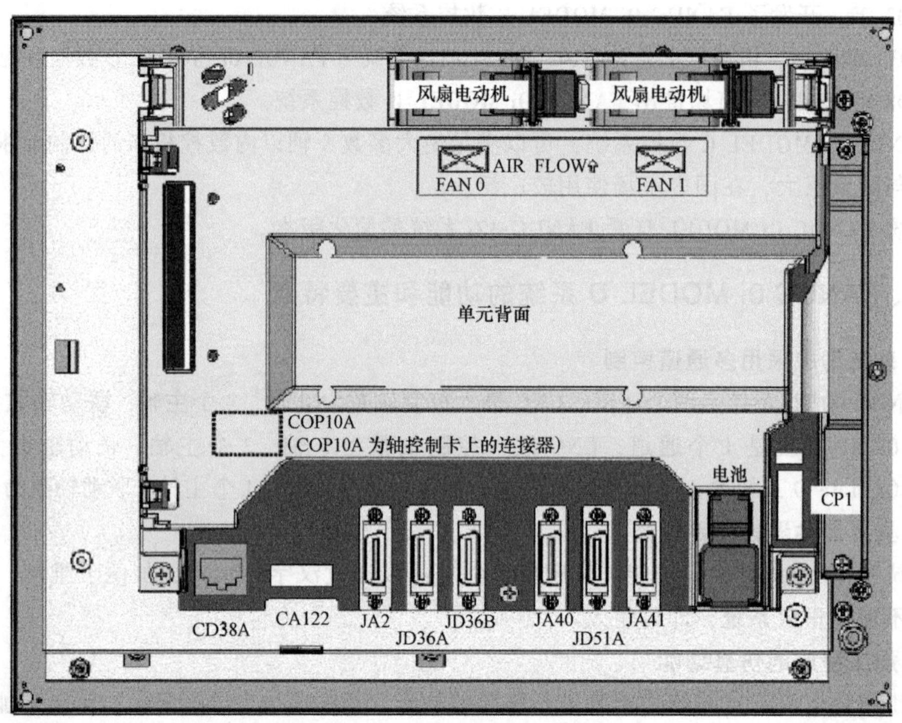

图 1-2-1 FANUC 0i D/0i mate D 系统接口图

2. FANUC 0i D 系统各接口的功能

FANUC 0i D 系统各接口的功能见表 1-2-1。

表 1-2-1 系统各接口的功能

端口号	用途
COP10A	伺服 FSSB 总线接口，此口为光缆口
CD38A	以太网接口
CA122	系统软键信号接口
JA2	系统 MDI 键盘接口
JD36A/JD36B	RS-232-C 串行接口 1/2
JA40	模拟主轴信号接口/高速跳转信号接口
JD51A	I/O link 总线接口
JA41	串行主轴接口/主轴独立编码器接口
CP1	系统电源输入(DC24V)

3. 数控车床与数控铣床常见的系统型号

数控车床一般采用 FANUC 0i TD 和 0i mate TD 两种系统，通过选配不同的伺服系统与功能，来完成自动车削加工的需要。

数控铣床一般采用 FANUC 0i MD 和 0i mate MD 两种系统，通过选配不同的伺服系统与功能，来完成数控铣床和加工中心的需要。

在一些高端的机床中也有采用 16i/18i/21i 和 30i/31i/32i 系统的。

四、FANUC 伺服控制单元及 FSSB

1. FANUC 伺服系统的构成

如果说 CNC 控制系统是数控机床的大脑和中枢，那么伺服和主轴驱动就是数控机床的四肢，它们是控制系统的执行机构。

FANUC 驱动部分从硬件结构上分，主要有下面 4 个组成部分：

(1) 轴卡

轴卡就是在介绍系统接口时，接光缆的那块 PCB。在现今的全数字伺服控制中，都已经将伺服控制的调节方式、数学模型甚至脉宽调制以软件的形式融入系统软件中，而硬件支撑采用专用的 CPU 或 DSP 等，这些部件最终集成在轴卡中。轴卡的主要作用是速度控制与位置控制，如图 1-2-2 所示。

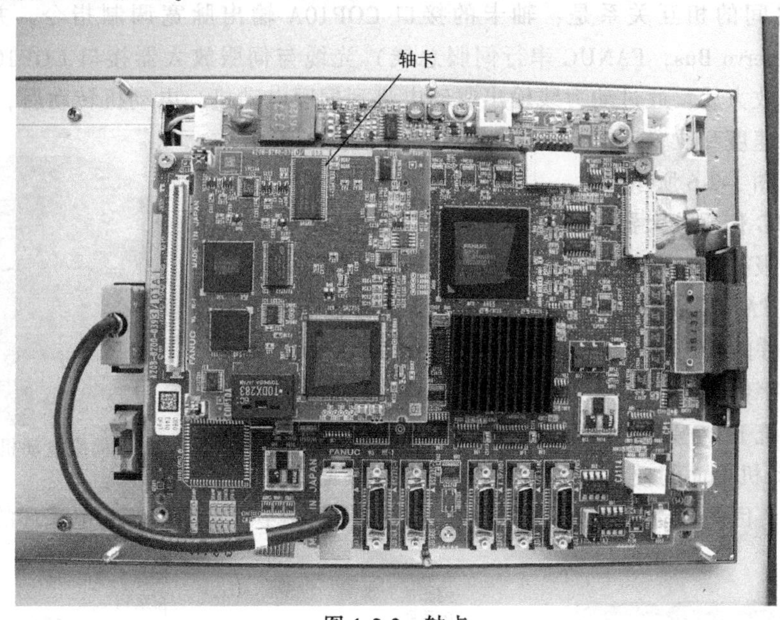

图 1-2-2　轴卡

(2) 伺服放大器

放大器接收轴卡（通过光缆）输入的光信号转换为脉宽调制信号，经过前级放大驱动 IGBT 模块输出驱动电动机所需的电流，如图 1-2-3 所示。

(3) 电动机

电动机是指伺服电动机或主轴电动机。利用放大器输出的驱动电流产生旋转磁场，驱动转子旋转，如图 1-2-4 所示。

(4) 反馈装置

由电动机轴直连的脉冲编码器作为半闭环反馈装置，如图 1-2-5 所示。FANUC 早期的产品使用旋转变压器做半闭环位置反馈，测速发电机作为速度反馈，目前这种结构已经被淘汰。

FSSB 连接与设定

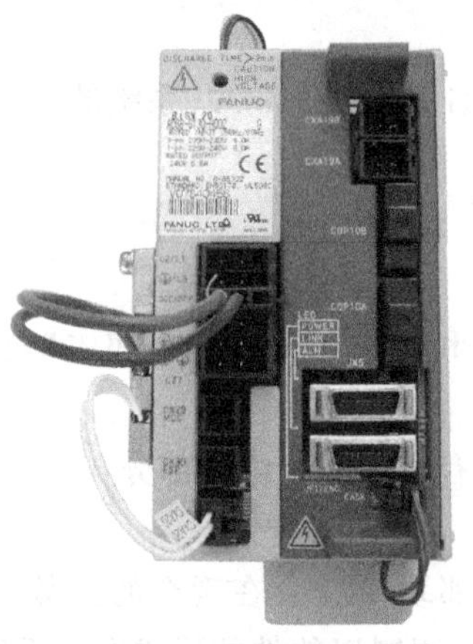

图 1-2-3 放大器

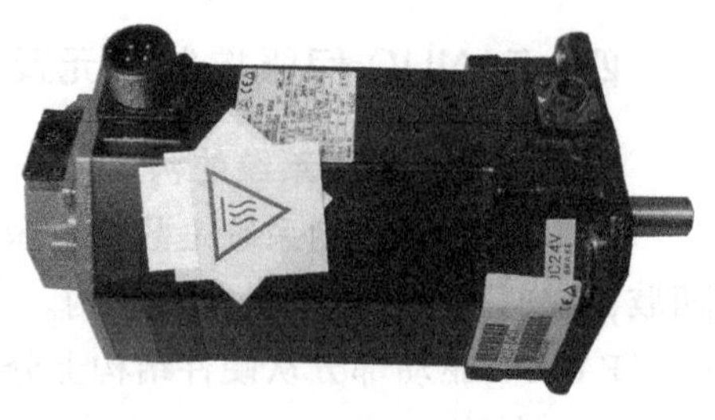

图 1-2-4 伺服电动机

这四者之间的相互关系是：轴卡的接口 COP10A 输出脉宽调制指令，并通过 FSSB（Fanuc Serial Servo Bus，FANUC 串行伺服总线）光缆与伺服放大器接口 COP10B 相连，伺服放大器整形放大后，通过动力线输出驱动电流到伺服电动机，电动机转动后，同轴的反馈装置编码器将速度和位置反馈到 FSSB 上，最终回到轴卡上进行处理，如图 1-2-6 所示。

图 1-2-5 伺服电动机脉冲编码器

2. FANUC 伺服放大器与伺服电动机接口的含义

传统的伺服控制将速度环与电流环控制集成在伺服单元上，但是目前 FANUC αi 系列伺服驱动系统已经将这 3 个控制环节通过软件的方式融入 CNC 系统中。在 FANUC 0D 系统中有单独的数字伺服软件 Servo ROM；在 FANUC 0i 系统中伺服软件装在系统 F-ROM 中，支撑它的硬件是 DSP（数字信号处理器）。电动机前面的模块已不再称为伺服了，FANUC 将其称为放大器，因为驱动模块仅起末级功率驱动的作用，不再有速度环与电流环的作用。

图 1-2-6 FSSB 连接示意图

FANUC 公司伺服驱动系统大致可以分为 αi 系列和 βi 系列，这两种系统虽然在性能上有所区别，但在外围电路连接上却有很多相似之处。

αi 系列伺服由 PSM（电源模块）、SPM（主轴放大器模块）、SVM（伺服放大器模块）3 部分组成。FANUC 放大器的连接如图 1-2-7 所示，驱动模块如图 1-2-8 所示。

PSM 是为主轴和伺服提供逆变直流电源的模块，三相 200V 交流输入经 PSM 处理后，

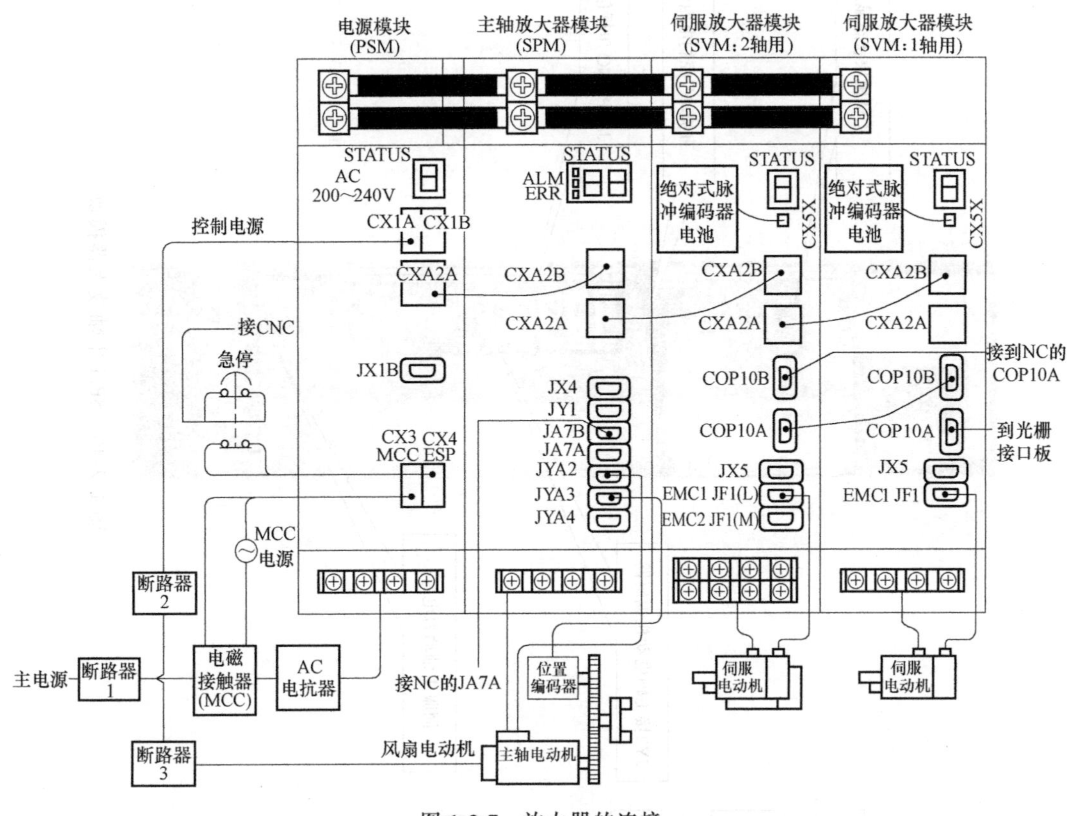

图 1-2-7　放大器的连接

向直流母线输送 300V 直流电压供主轴和伺服放大器使用。另外，PSM 模块还有输入保护电路，通过外部急停信号或内部继电器控制 MCC 主接触器，起到保护作用，如图 1-2-9 所示。

图 1-2-8　驱动模块

SPM 接收 CNC 数控系统发出的串行主轴指令，该指令格式是 FANUC 公司主轴产品通信协议，所以又被称为 FANUC 数字主轴，与其他公司产品没有兼容性。该主轴放大器经过变频调速控制向 FANUC 主轴电动机输出动力电。该放大器 JY2 和 JY4 接口分别接收主轴速度反馈和主轴位置编码器信号，如图 1-2-10 所示。

SVM 接收通过 FSSB 输入 CNC 系统轴的控制指令，驱动伺服电动机按照指令运转。JF1、JF2 为伺服电动机编码器反馈信号接口，它将位置信息通过 FFSB 光缆再转输到 CNC 系统中，如图 1-2-11 所示。

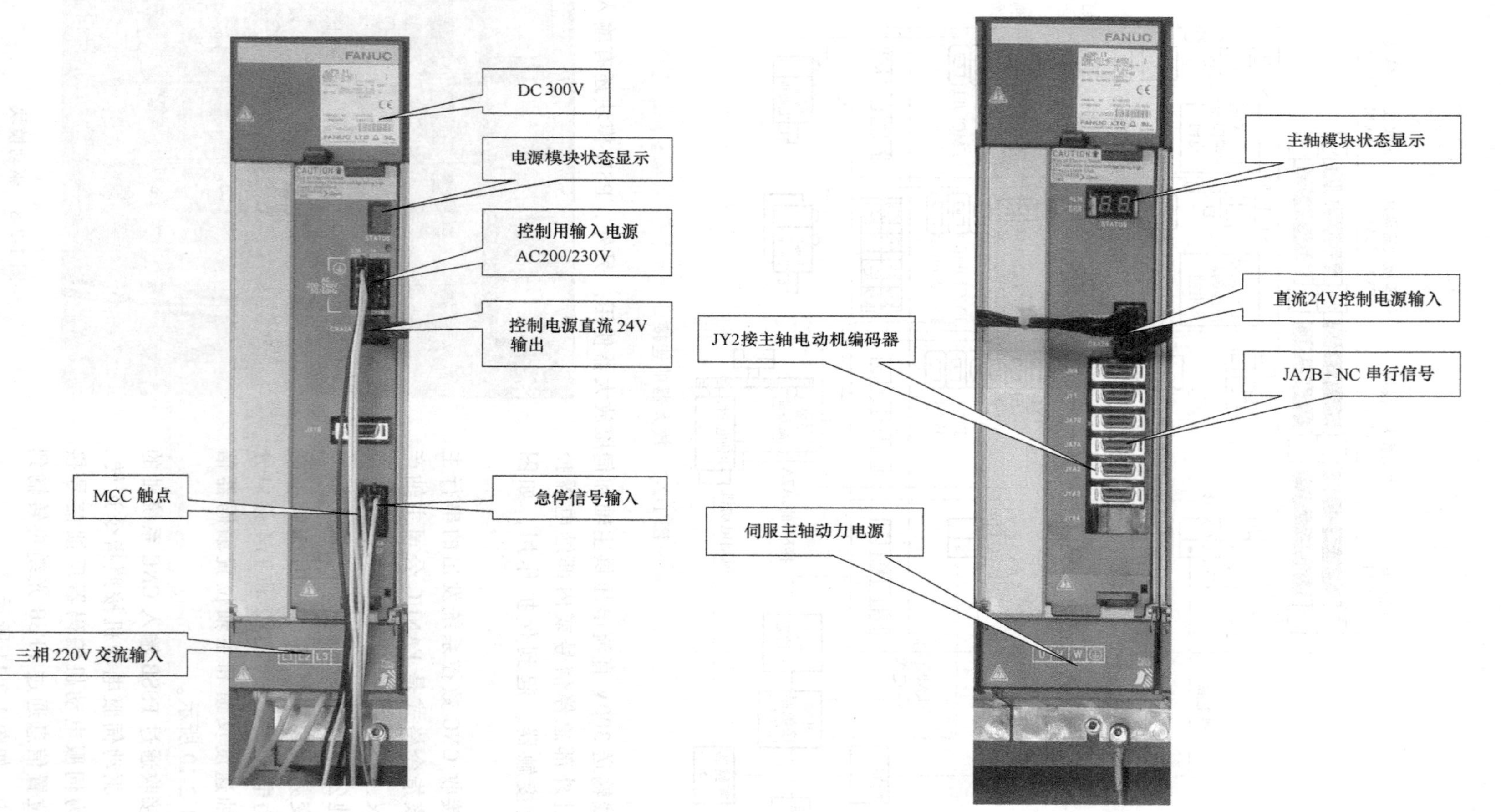

图 1-2-9 PSM 电源模块

图 1-2-10 SPM 主轴放大器模块

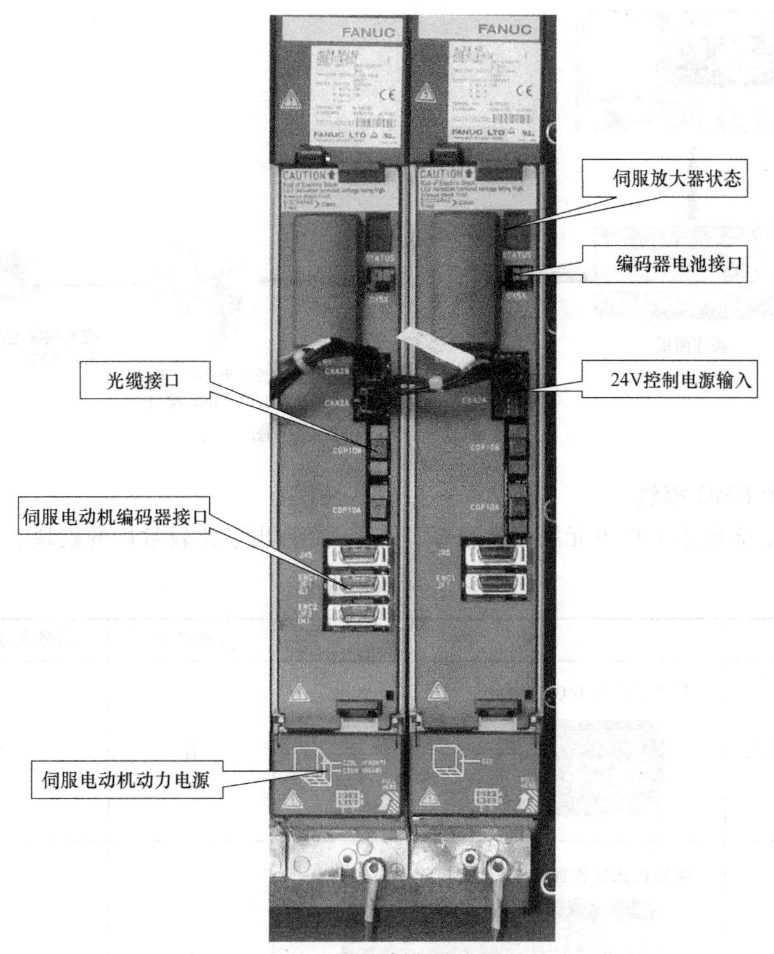

图 1-2-11　伺服放大器

五、FANUC 的 PMC 单元与 I/O LINK 连接

1. FANUC PMC 的构成

FANUC PMC（FANUC 数控机床的可编程序控制器）的工作原理与其他自动化设备的PLC 工作原理相同，只是 FANUC 公司根据数控机床特点开发了专用的功能指令以及相匹配的硬件结构。目前 FANUC 数控产品将 PMC 内置，也就是说不再需要独立的 PLC 设备，PMC 已成为数控系统的重要组成部分，CNC、伺服与主轴驱动、PMC 三大部分构成完整的数控系统。

FANUC PMC 是由内装 PMC 软件、接口电路、外围设备（接近开关、电磁阀、压力开关等）构成的。连接主控系统与从属 I/O 接口设备的电缆为高速串行电缆，被称为 I/O LINK，它是 FANUC 专用 I/O 总线，如图 1-2-12 所示。其工作原理与欧洲标准工业总线 Profibus 类似，但协议不一样。另外，通过 I/O LINK 可以连接 FANUC β 系列伺服驱动模块，作为 I/O LINK 轴使用。

通过 RS-232 或以太网，FANUC 系统可以连接计算机，对 PMC 接口状态进行在线诊断、编辑、修改梯形图。

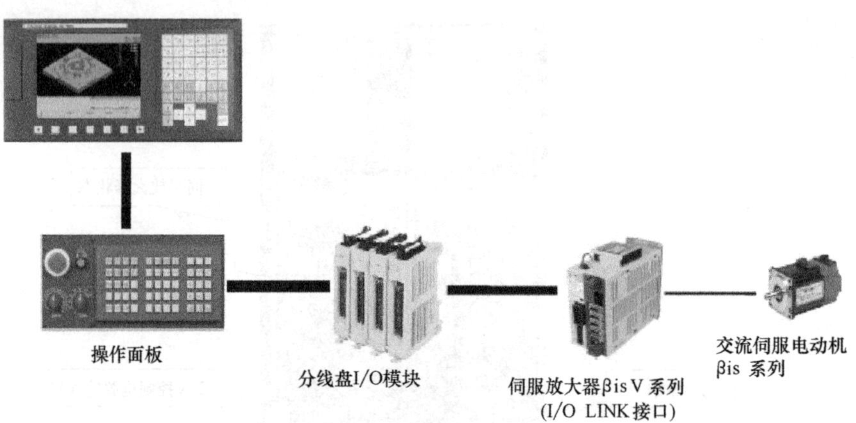

图 1-2-12 I/O LINK 连接图

2. 常用的 PMC 模块

在 FANUC 系统中 I/O 单元的种类很多，表 1-2-2 列出了比较常用的模块。

表 1-2-2 常用的模块

装置名	说　明	手轮连接	信号点数 输入/输出
0i 用 I/O 单元模块	是最常用的 I/O 模块	有	96/64
机床操作面板模块	装在机床操作面板上，带有矩阵开关和 LED	有	96/64
操作盘 I/O 模块	带有机床操作盘接口的装置，0i 系统上较为常见	有	48/32
分线盘 I/O 模块	是一种分散型的 I/O 模块，能适应机床强电电路输入输出信号的任意组合的要求，由基本单元和最大三块扩展单元组成	有	96/64

（续）

装置名	说　明	手轮连接	信号点数　输入/输出
FANUC I/O UNIT A/B	是一种模块结构的 I/O 装置，能适应机床强电输入输出任意组合的要求	无	最大 256/256
I/O LINK 轴	使用 β 系列 SVU（带 I/O LINK）可以通过 PMC 外部信号来控制伺服电动机进行定位	无	128/128

3. I/O 模块输入输出的连接

（1）I/O 模块输入输出信号的连接

当进行输入/输出信号的连线时，要注意系统的 I/O 对于输入（局部）/输出的连接方式有两种，按电流的流动方向分为漏型输入（局部）/输出和源型输入（局部）/输出，而使用哪种方式的连接由 DICOM/DOCOM 输入和输出的公共端来决定。

1）漏型输入：作漏型输入使用时，把 DICOM 端子与 0V 端子相连接，如图 1-2-13 所示。因为电流是从装置的控制接线端流入的，所以称为漏型输入。

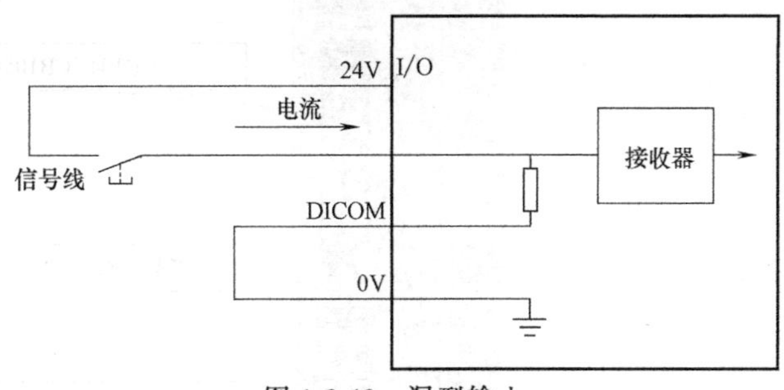

图 1-2-13　漏型输入

2）源型输入：作源型输入使用时，把 DICOM 端子与 24V 端子相连接，如图 1-2-14 所示。因为电流是从装置的控制接线端流出的，所以称为源型输入。

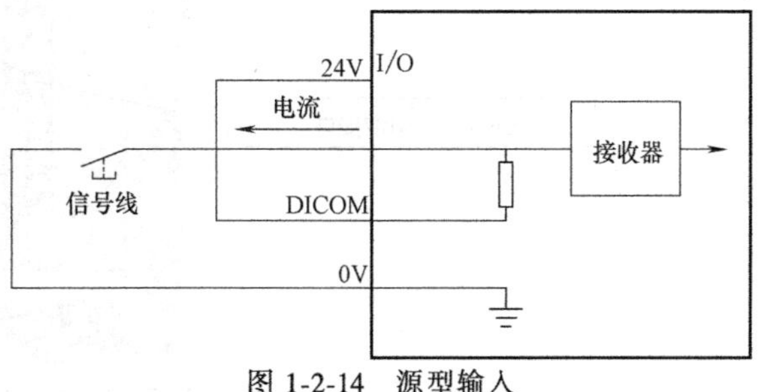

图 1-2-14　源型输入

通常情况下当使用分线盘等 I/O 模块时，局部可选择一组 8 点信号连接成漏型和源型输入通过 DICOM 端。原则上建议采用漏型输入，即 24V 开关量输入（高电平有效），避免信号端接地的误动作。

3）源型输出：把驱动负载的电源接在印制板的 DOCOM 上。因为电流是从装置的输出接线端流出的，所以称为源型输出。源型输出如图 1-2-15 所示。

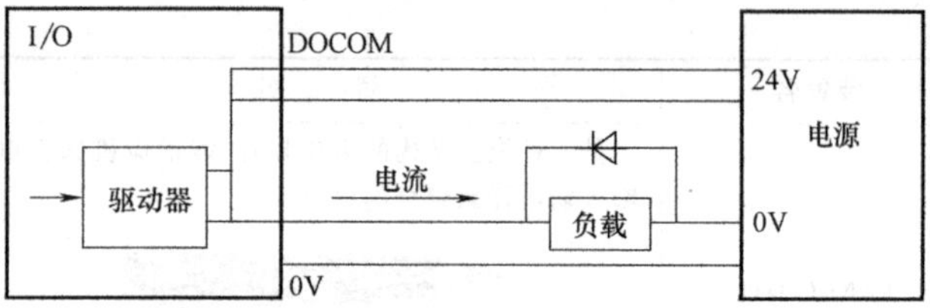

图 1-2-15 源型输出

4）漏型输出：PMC 接通输出信号（Y）时，印制板内的驱动回路即动作，输出端子变为 0V。因为电流是从装置的输出接线端流入的，所以称为漏型输出，如图 1-2-16 所示。

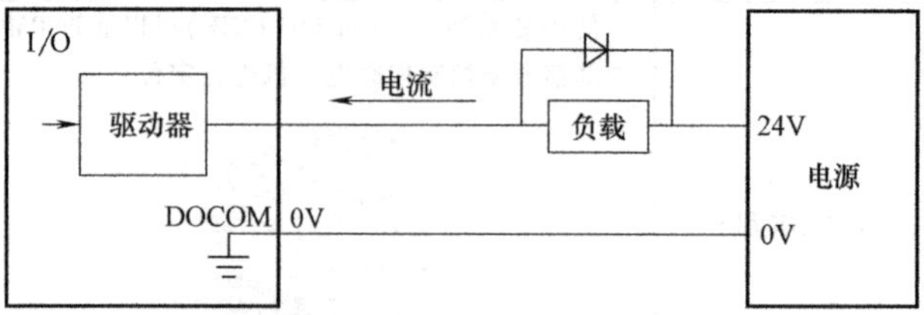

图 1-2-16 漏型输出

当使用分线盘等 I/O 模块时，输出方式可全部采用源型和漏型输出通过 DOCOM 端，为安全起见，推荐使用源型输出，即 24V 输出；同时，在连接时注意续流二极管的极性，以免造成输出短路。

(2) 0i 用 I/O 模块连接举例

0i C 用 I/O 模块是配置 FANUC 系统的数控机床使用最为广泛的 I/O 模块，见图 1-2-17。

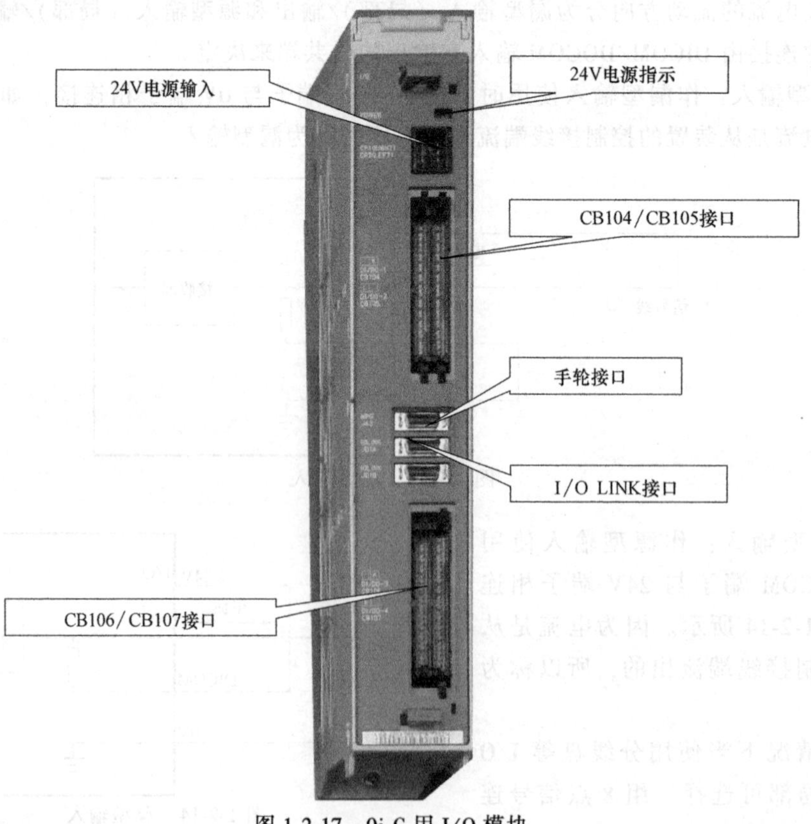

图 1-2-17 0i C 用 I/O 模块

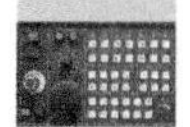

它采用 4 个 50 芯插座连接的方式，分别是 CB104 \ CB105 \ CB106 \ CB107。输入点有 96 位，每个 50 芯插座中包含 24 位的输入点，这些输入点被分为 3 个字节；输出点有 64 位，每个 50 芯插座中包含 16 位的输出点，这些输出点被分为 2 个字节。

常用 I/O 单元见表 1-2-3。

表 1-2-3 常用 I/O 单元

CB104 HIROSE 50PIN			CB105 HIROSE 50PIN			CB106 HIROSE 50PIN			CB107 HIROSE 50PIN		
	A	B		A	B		A	B		A	B
01	0V	24V	01	0V	24V	01	0V	24V	01	0V	24V
02	Xm+0.0	Xm+0.1	02	Xm+3.0	Xm+3.1	02	Xm+4.0	Xm+4.1	02	Xm+7.0	Xm+7.1
03	Xm+0.2	Xm+0.3	03	Xm+3.2	Xm+3.3	03	Xm+4.2	Xm+4.3	03	Xm+7.2	Xm+7.3
04	Xm+0.4	Xm+0.5	04	Xm+3.4	Xm+3.5	04	Xm+4.4	Xm+4.5	04	Xm+7.4	Xm+7.5
05	Xm+0.6	Xm+0.7	05	Xm+3.6	Xm+3.7	05	Xm+4.6	Xm+4.7	05	Xm+7.6	Xm+7.7
06	Xm+1.0	Xm+1.1	06	Xm+8.0	Xm+8.1	06	Xm+5.0	Xm+5.1	06	Xm+10.0	Xm+10.1
07	Xm+1.2	Xm+1.3	07	Xm+8.2	Xm+8.3	07	Xm+5.2	Xm+5.3	07	Xm+10.2	Xm+10.3
08	Xm+1.4	Xm+1.5	08	Xm+8.4	Xm+8.5	08	Xm+5.4	Xm+5.5	08	Xm+10.4	Xm+10.5
09	Xm+1.6	Xm+1.7	09	Xm+8.6	Xm+8.7	09	Xm+5.6	Xm+5.7	09	Xm+10.6	Xm+10.7
10	Xm+2.0	Xm+2.1	10	Xm+9.0	Xm+9.1	10	Xm+6.0	Xm+6.1	10	Xm+11.0	Xm+11.1
11	Xm+2.2	Xm+2.3	11	Xm+9.2	Xm+9.3	11	Xm+6.2	Xm+6.3	11	Xm+11.2	Xm+11.3
12	Xm+2.4	Xm+2.5	12	Xm+9.4	Xm+9.5	12	Xm+6.4	Xm+6.5	12	Xm+11.4	Xm+11.5
13	Xm+2.6	Xm+2.7	13	Xm+9.6	Xm+9.7	13	Xm+6.6	Xm+6.7	13	Xm+11.6	Xm+11.7
14			14			14			14		
15			15			15			15		
16	Yn+0.0	Yn+0.1	16	Yn+2.0	Yn+2.1	16	Yn+4.0	Yn+4.1	16	Yn+6.0	Yn+6.1
17	Yn+0.2	Yn+0.3	17	Yn+2.2	Yn+2.3	17	Yn+4.2	Yn+4.3	17	Yn+6.2	Yn+6.3
18	Yn+0.4	Yn+0.5	18	Yn+2.4	Yn+2.5	18	Yn+4.4	Yn+4.5	18	Yn+6.4	Yn+6.5
19	Yn+0.6	Yn+0.7	19	Yn+2.6	Yn+2.7	19	Yn+4.6	Yn+4.7	19	Yn+6.6	Yn+6.7
20	Yn+1.0	Yn+1.1	20	Yn+3.0	Yn+3.1	20	Yn+5.0	Yn+5.1	20	Yn+7.0	Yn+7.1
21	Yn+1.2	Yn+1.3	21	Yn+3.2	Yn+3.3	21	Yn+5.2	Yn+5.3	21	Yn+7.2	Yn+7.3
22	Yn+1.4	Yn+1.5	22	Yn+3.4	Yn+3.5	22	Yn+5.4	Yn+5.5	22	Yn+75.4	Yn+7.5
23	Yn+1.6	Yn+1.7	23	Yn+3.6	Yn+3.7	23	Yn+5.6	Yn+5.7	23	Yn+7.6	Yn+7.7
24	DOCOM	DOCOM	24	DOCOM	DOCOM	24	DOCOM	DOCOM	24	DOCOM	DOCOM
25	DOCOM	DOCOM	25	DOCOM	DOCOM	25	DOCOM	DOCOM	25	DOCOM	DOCOM

注：1. 连接器（CB104，CB105，CB106，CB107）的引脚 B01（24V）用于 DI 输入信号，它输出 DC24V，不要将外部 24V 电源连接到这些引脚。

2. 每一个 DOCOM 都连在印制板上，如果使用连接器 DO 信号（Y），请确定输入 DC24V 到每个连接器的 DOCOM。

CB104 输入单元的连接图如图 1-2-18 所示。

CB106 输入单元的连接图如图 1-2-19 所示。

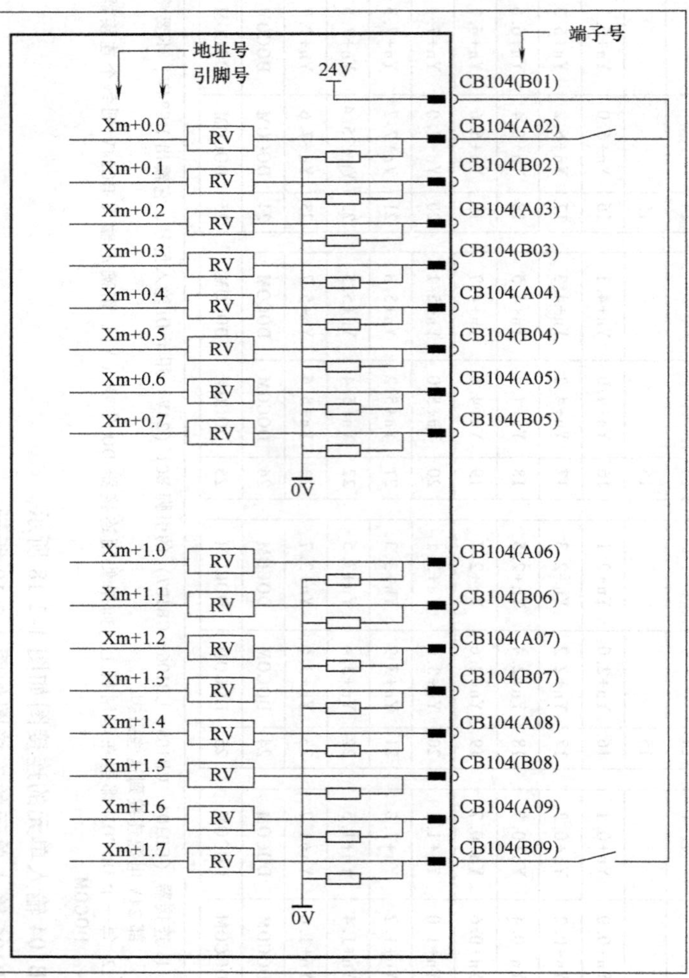

图 1-2-18 CB104 输入单元的连接图

地址号
引脚号
端子号
24V
Xm+4.0 ~ Xm+4.7
Xm+5.0 ~ Xm+5.7
RV
COM4
0V
CB106(B01) CB106(A02) CB106(B02) CB106(A03) CB106(B03) CB106(A04) CB106(B04) CB106(A05) CB106(B05) CB106(A14) CB106(A01)
CB106(A06) CB106(B06) CB106(A07) CB106(B07) CB106(A08) CB106(B08) CB106(A09) CB106(B09)

对于地址 Xm+4，既可以选源极型，也可以选漏极型，通过连接24V或 0V 来选择 。COM4必须被连接到24V或0V，而不能悬空，从安全标准观点来看，推荐使用漏极型信号，该图为使用漏极信号的范例

图 1-2-19 CB106 输入单元的连接图

CB104 输出单元的连接图如图 1-2-20 所示。

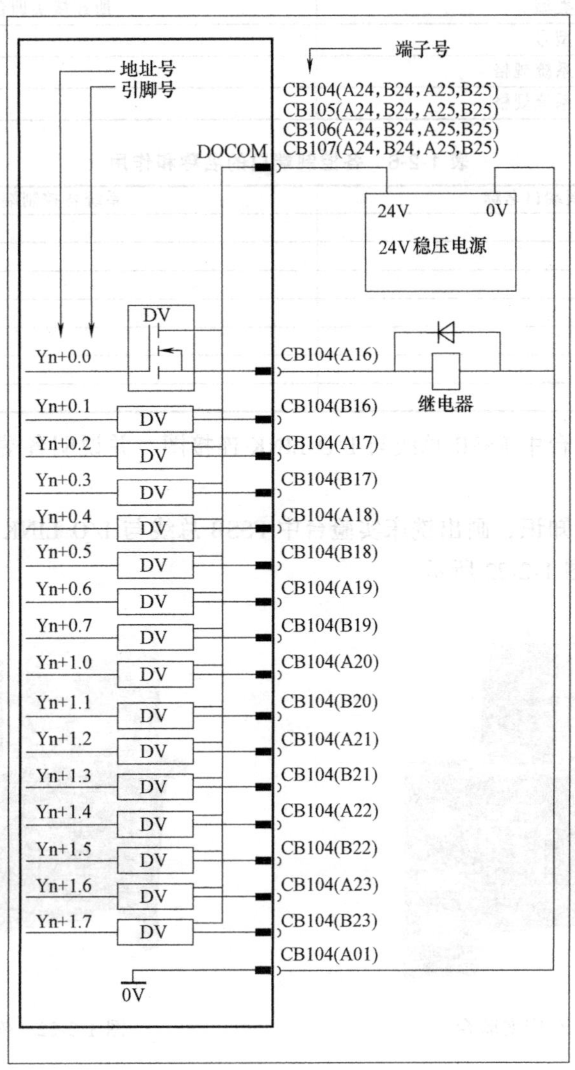

图 1-2-20　CB104 输出单元的连接图

任务实施

1）根据书中讲的知识，通过查看实训设备的配置填写表 1-2-4。

表 1-2-4　实训设备配置

系统名称	规格	功能
CNC		
放大器		
电动机		

2）对现有实训设备进行观察，找出哪些是具有伺服主轴控制功能的系统，哪些是具有模拟主轴控制功能的系统，并对各控制端口的作用进行说明，填写表 1-2-5 和表 1-2-6。

表 1-2-5 设备规格

产品类型	所连接实训台规格
系统型号	
伺服主轴系统规格	
模拟主轴系统规格	

表 1-2-6 各控制端口的名称和作用

系统各控制端口名称	系统各控制端口作用

3）画出车床实验台中 FSSB 总线与 I/O LINK 连接图，并说明各端口的作用，实验台如图 1-2-21 所示。

4）根据书中讲的知识，画出铣床实验台中 FSSB 总线与 I/O LINK 连接图，并说明各端口的作用，实验台如图 1-2-22 所示。

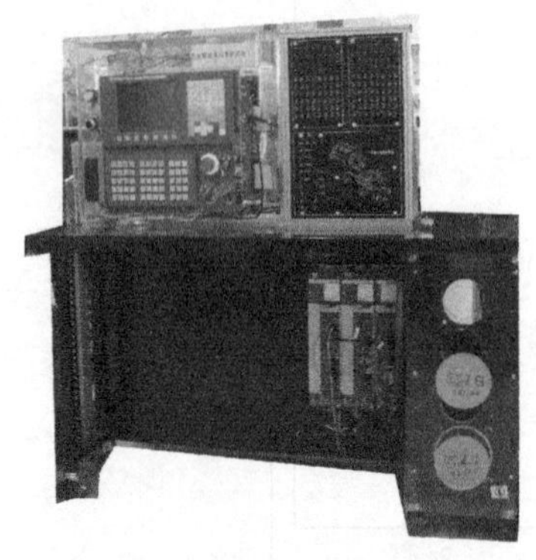

图 1-2-21 车床实验台

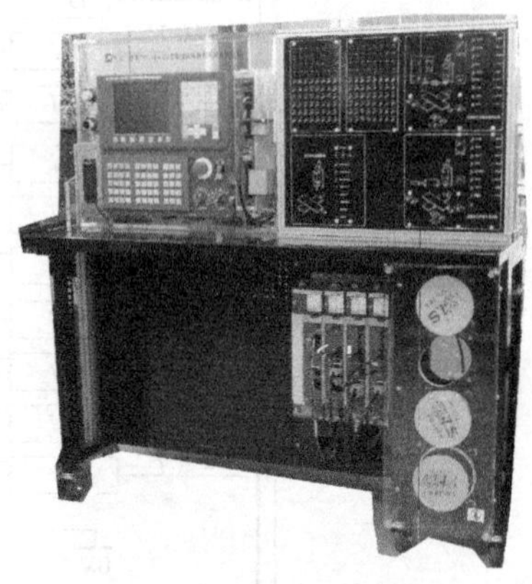

图 1-2-22 铣床实验台

任务评价

填写任务评价表见表 1-2-7。

表 1-2-7 任务评价表

产品类型	所连接实训台规格
系统型号	
任务评价结果	
JA41 端口	
JD51A 端口	
COP10A 端口	
JA3 端口	
JA7A 端口	
JF2 端口	
CX3 端口	
CX4 端口	

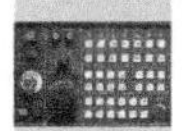

思考题

1. FANUC 的 I/O LINK 是怎么连接的？
2. FANUC 的伺服系统由哪些部分构成？

任务三　FANUC 数控系统的硬件连接

任务目标

FANUC 数控机床
硬件连接

1. 完成 FANUC 数控系统的 FSSB 的硬件连接。
2. 完成 FANUC 数控系统的 I/O LINK 的硬件连接。
3. 完成 FANUC 车床的电气连接。
4. 完成 FANUC 铣床的电气连接。

相关知识

一、FANUC 数控系统的 FSSB 的构成与连接方法

FANUC 伺服控制系统的连接，无论是 αi 或 βi 系列伺服，外围连接电路具有很多类似的地方，大致分为光缆连接、控制电源连接、主电源连接、急停信号连接、MCC 连接、主轴指令连接（指串行主轴、模拟主轴接变频器）、伺服电动机主电源连接、伺服电动机编码器连接。下面以 βi 多轴驱动器为例来说明。

1. 光缆连接（FSSB）

FANUC 的 FSSB 采用光缆通信，在硬件连接方面，遵循从 A 到 B 的规律，即 COP10A 为总线输出，COP10B 为总线输入，需要注意的是光缆在任何情况下不能硬折，以免损坏。FSSB 连接图如图 1-3-1 所示。

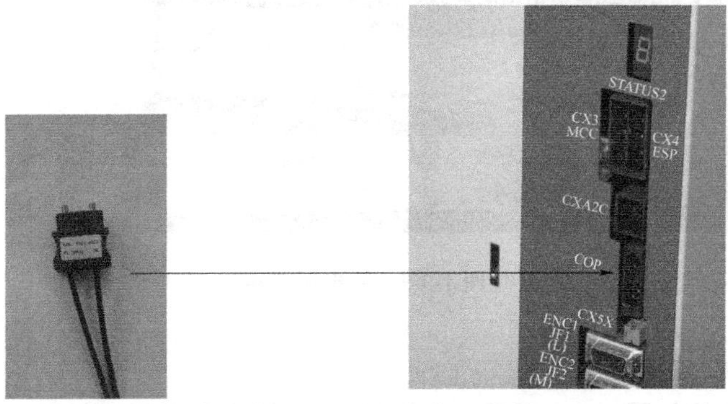

图 1-3-1　FSSB 连接图

2. 控制电源连接

控制电源采用 DC24V 电源，主要用于伺服控制电路的电源供电。在上电顺序中，推荐优先系统通电。控制电源连接如图 1-3-2 所示。

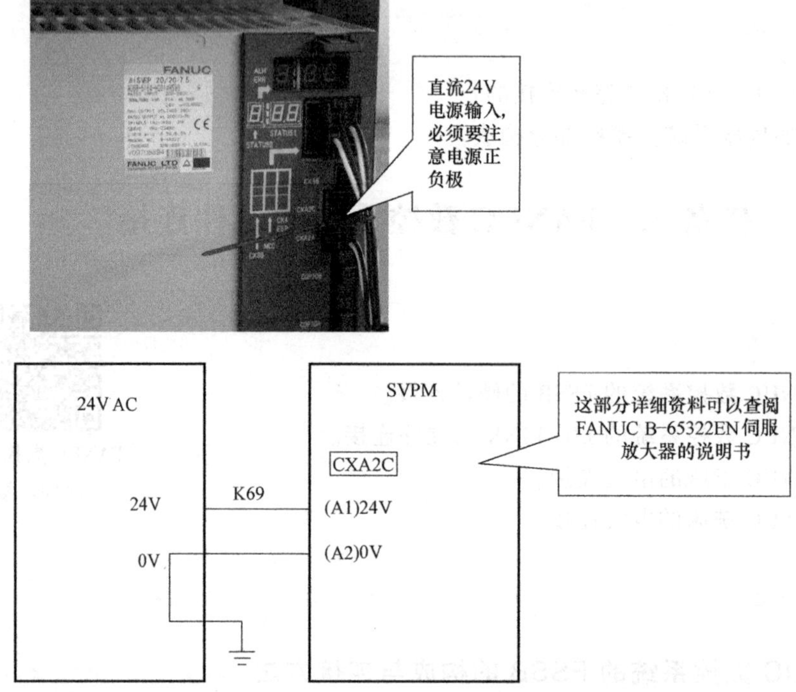

图 1-3-2 控制电源连接

3. 主电源连接

主电源连接如图 1-3-3 所示。

图 1-3-3 主电源连接

4. 急停与 MCC 连接

急停与 MCC 连接如图 1-3-4 所示。急停与 MCC 部分主要用于伺服主电源的控制与伺服放大器的保护，如发生报警、急停等情况下能够切断伺服放大器主电源。

5. 主轴指令信号连接

FANUC 的主轴控制采用两种类型，分别是模拟主轴与串行主轴。模拟主轴系统 JA40 口输出±(0~10)V 的电压给变频器，从而控制主轴电动机的转速；串行主轴是采用串行总线，

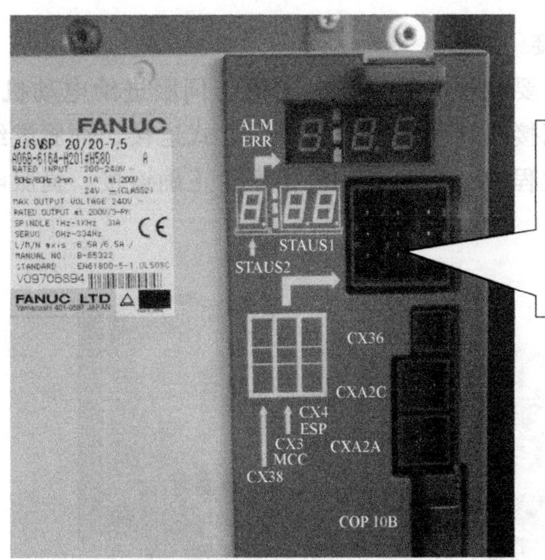

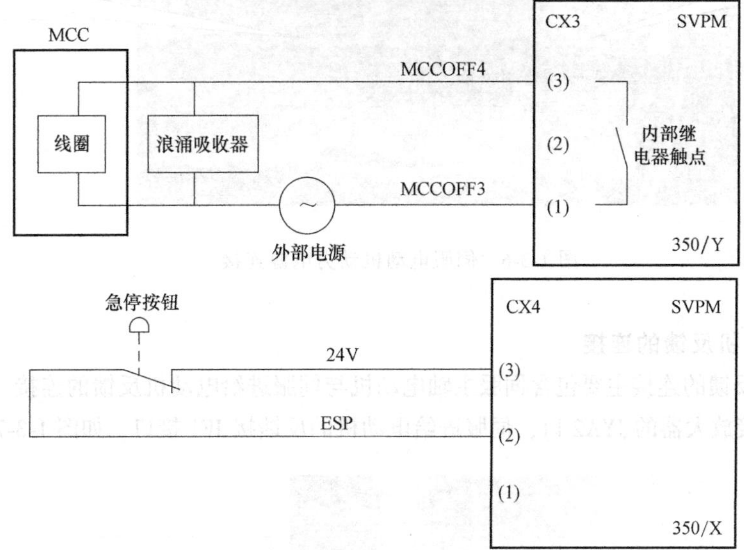

图 1-3-4　急停与 MCC 连接

总线连接遵循从 A 到 B 的规律，即从系统的 JA41（0i C 系统为 JA7A 口）至伺服放大器的 JA7B 口。伺服主轴指令线的连接如图 1-3-5 所示。

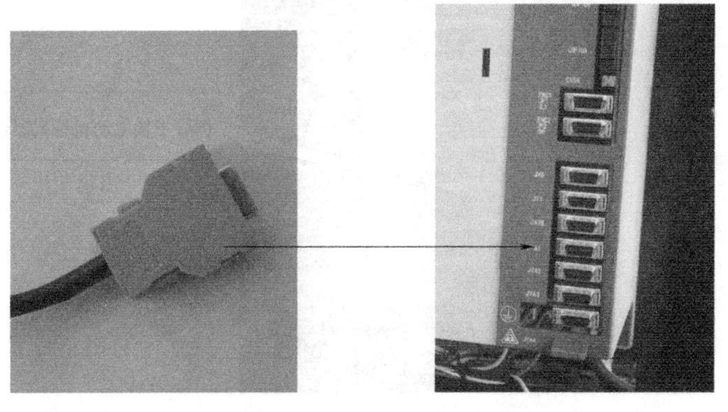

图 1-3-5　伺服主轴指令线的连接

6. 伺服电动机动力电源连接

伺服电动机动力电源连接主要包含伺服主轴电动机与伺服进给电动机的动力电源连接。伺服主轴电动机的动力电源采用接线端子动力电源输出方式连接，伺服进给电机的动力电源采用接插件方式连接。在连接过程中，一定要注意相序的正确连接。伺服电动机动力电源连接如图 1-3-6 所示。

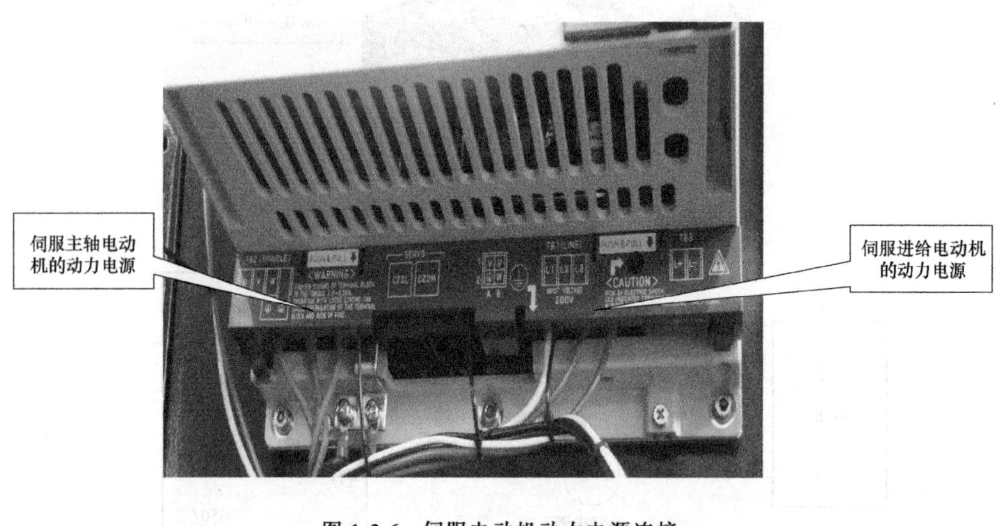

图 1-3-6 伺服电动机动力电源连接

7. 伺服电动机反馈的连接

伺服电动机反馈的连接主要包含伺服主轴电动机与伺服进给电动机反馈的连接。一般伺服主轴电动机的反馈接放大器的 JYA2 口，伺服进给电动机的反馈接 JF1 接口，如图 1-3-7 所示。

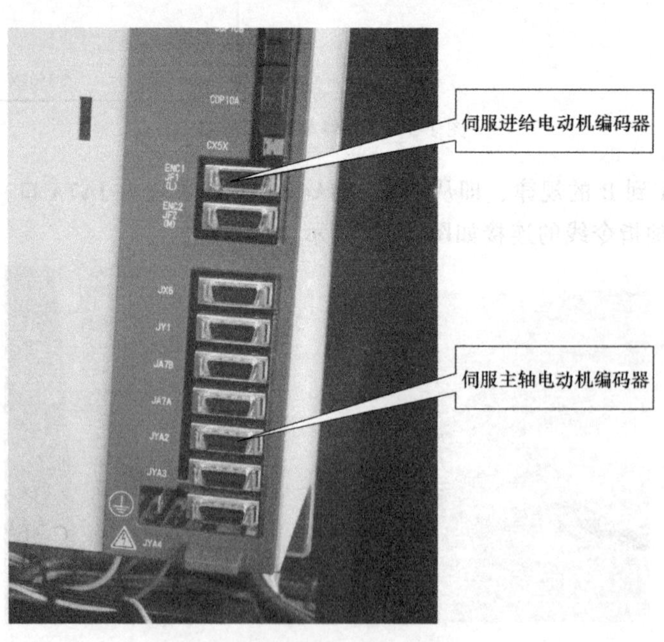

图 1-3-7 伺服电动机反馈的连接

8. 伺服主轴电动机接线盒

伺服主轴电动机接线盒内，不仅含有动力电源端子、编码器接口，还有伺服主轴电动机风扇接口，如图 1-3-8 和图 1-3-9 所示。

图 1-3-8 伺服主轴电动机接线盒

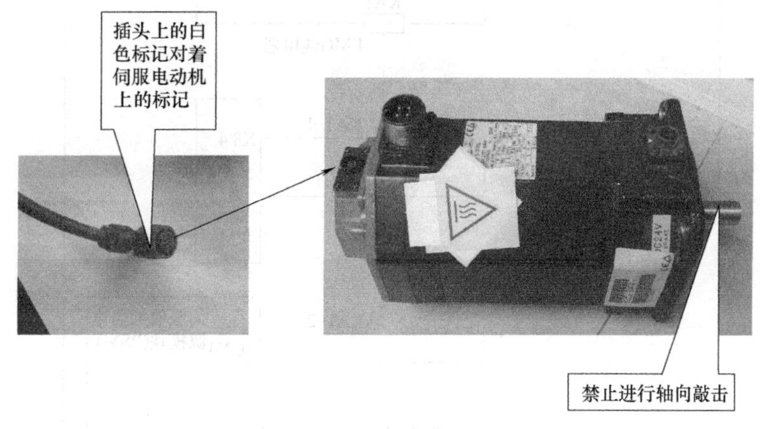

图 1-3-9 伺服电动机编码器接口

二、FANUC 数控系统的 I/O LINK 连接

FANUC 数控系统的 PMC 是通过专用的 I/O LINK 与系统进行通信的，PMC 在进行 I/O 信号控制的同时，还可以实现手轮与 I/O LINK 轴的控制，但外围的连接却很简单，且很有规律，连接顺序同样是从 A 到 B，系统侧的 JD51A（0i C 系统为 JD1A）接到 I/O 模块的 JD1B，JA3 或者 JA58 可以连接手轮。I/O LINK 的连接如图 1-3-10 所示。

三、急停与伺服上电控制回路的连接

当 FSSB 与 I/O LINK 的连接完成后，还需要对急停回路与伺服上电回路进行连接才能

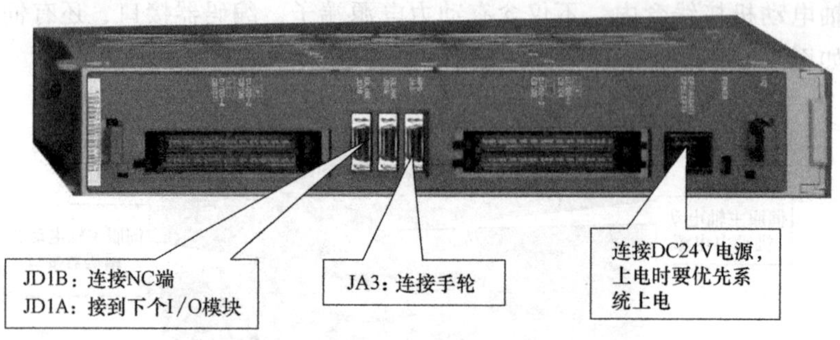

图 1-3-10 I/O LINK 的连接

构成一个简单的数控机床控制回路，如图 1-3-11 所示。

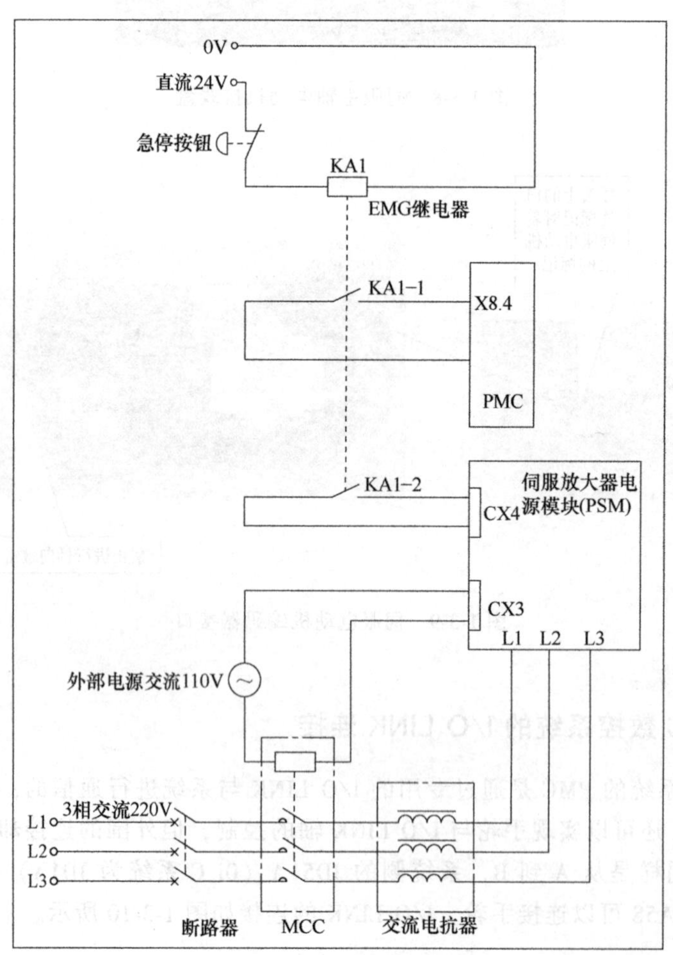

图 1-3-11 原理图

1. 急停控制回路

急停控制回路一般由两部分构成，一路是 PMC 急停控制信号 X8.4，另外一路是伺服放大器的 ESP 端子，这两个部分中任意一个断开就出现报警，ESP 断开出现 SV401 报警，X8.4 断开出现 ESP 报警。但这两个部分全部是通过一个元件来处理的，就是急停继电器，如图 1-3-12 所示。

2. 伺服上电回路

伺服上电回路是给伺服放大器主电源供电的回路，伺服放大器的主电源一般采用三相 220V 的交流电源，通过交流接触器接入伺服放大器，交流接触器的线圈受到伺服放大器的 CX3 的控制，当 CX3 闭合时，交流接触器的线圈得电吸合，给放大器通入主电源。图 1-3-13 所示为交流接触器。

图 1-3-12　急停继电器

图 1-3-13　交流接触器

任务实施

根据现有的实验设备，完成硬件连接练习（按图 1-3-14 完成硬件连接）。

填写任务评价表见表 1-3-1。

表 1-3-1　任务评价表

产品类型	所操作设备规格
系统类型	
进给放大器型号	
主轴驱动类型	
主轴放大器型号	
任务评价结果	
FSSB 的连接	
I/O LINK 的连接	
急停回路的连接	
放大器上电回路的连接	
是否可以伺服上电	

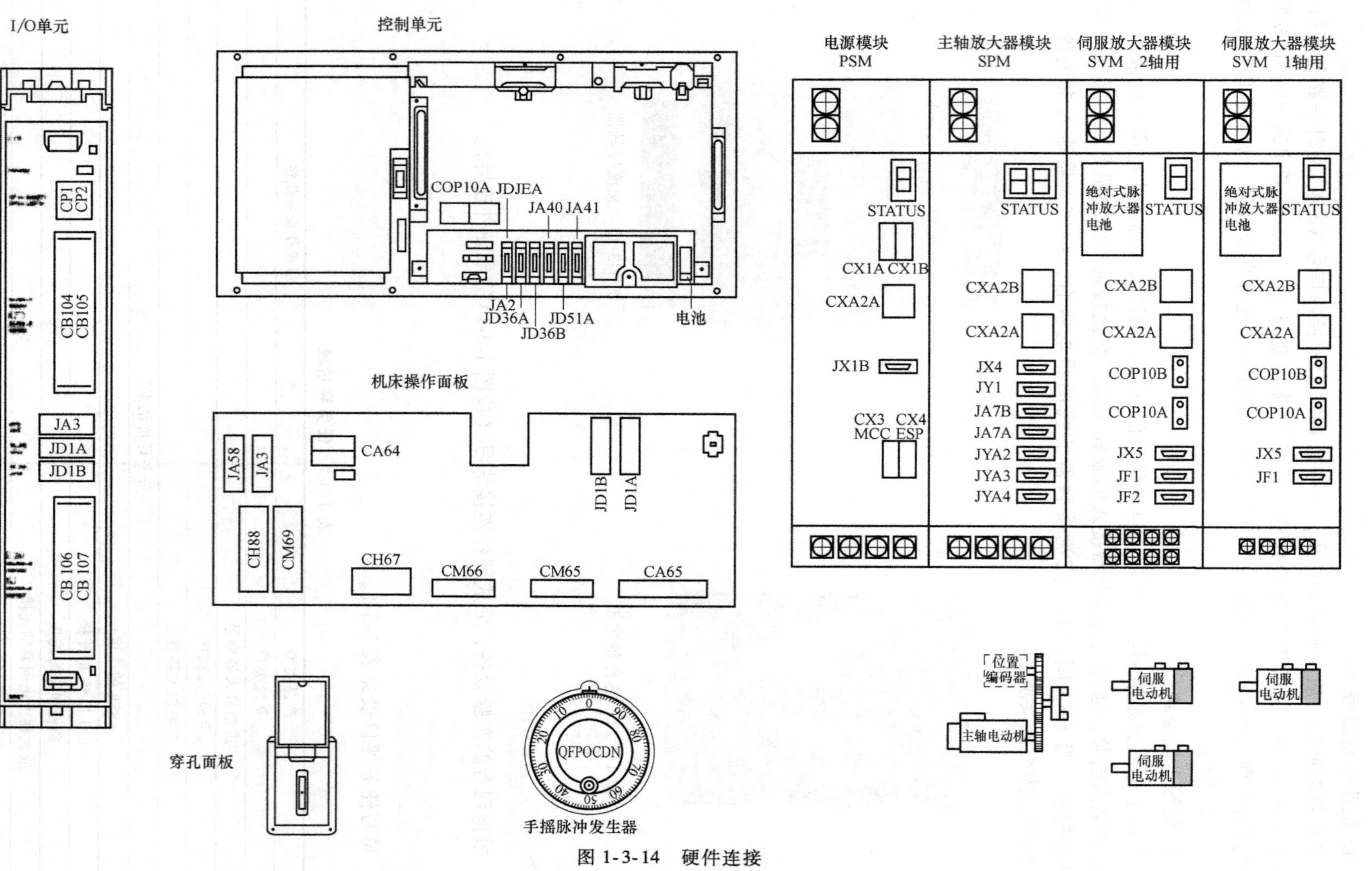

I/O单元
CP1
CP2
CB104
CB105
JA3
JD1A
JD1B
CB 106
CB 107
控制单元
COP10A JDJEA
JA40 JA41
JA2
JD36A
JD51A
JD36B
电池
机床操作面板
JA58
JA3
CA64
JD1B
JD1A
CH88
CM69
CH67
CM66
CM65
CA65
穿孔面板
QFPOCDN
手摇脉冲发生器
电源模块
PSM
主轴放大器模块
SPM
伺服放大器模块
SVM 2轴用
伺服放大器模块
SVM 1轴用
STATUS
CX1A CX1B
CXA2A
JX1B
CX3 CX4
MCC ESP
CXA2B
JX4
JY1
JA7B
JA7A
JYA2
JYA3
JYA4
绝对式脉冲放大器电池
COP10B
COP10A
JX5
JF1
JF2
位置编码器
主轴电动机
伺服电动机

图 1-3-14 硬件连接

思考题

1. 为什么伺服上电需要 PMC 的 X8.4 信号？
2. 如果要将系统连接成全闭环控制，如何改变硬件连接？

项目二　系统各画面的操作

项目描述

在熟悉了 FANUC 0i 系列的硬件组成及其连接后，本项目主要对 FANUC 系统的基本操作画面、操作方法进行介绍，进一步熟悉 FANUC 数控系统，能够独立进行各种工作方式的选择、零件的加工等操作。

项目重点

1. 熟悉 FANUC 系统面板各键的含义。
2. 掌握数控系统编辑、方式等画面操作。
3. 掌握系统参数、PMC、伺服设定等画面的操作。

任务一　FANUC 系统面板的组成

任务目标

1. 熟悉 FANUC 系统面板各键的含义。
2. 熟悉机床操作面板的含义。

数控系统控制面板介绍

相关知识

FANUC 系统的系统面板可分为 LCD 显示区、MDI 键盘区（包括字符键和功能键等）、软键开关区和存储卡接口。显示屏尺寸为 8.4in-LCD/MDI（彩色，1in = 2.54cm）、10.4in LCD（彩色）。8.4in LCD/MDI（彩色）系统的外形有竖形和横形两种；10.4in LCD（彩色）的 MDI 面板是单独的，如图 2-1-1 和图 2-1-2 所示。

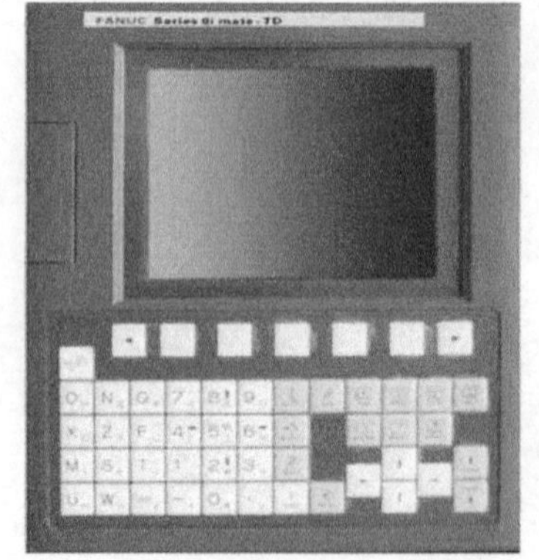

图 2-1-1　8.4in LCD

1. MDI 面板上部分功能键的含义

MDI 键的分布如图 2-1-3 所示。MDI 各键的含义如图 2-1-4 所示。

1）MDI 键盘区上面 4 行为字母、数字和字符部分，用于字符的输入，其中“EOB”为分号（;）输入键，其他为功能或编辑键。

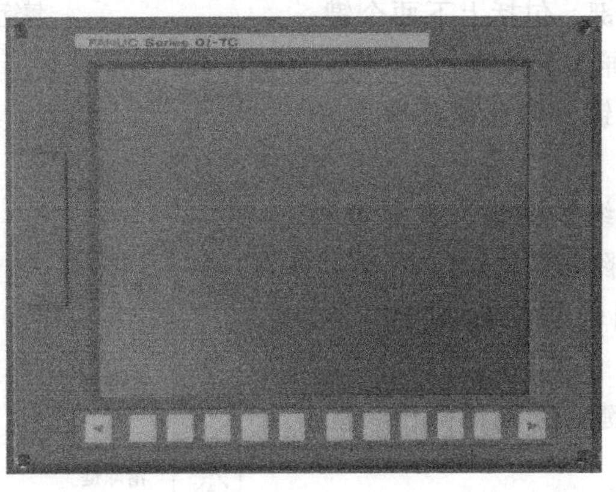

图 2-1-2　10. 4in LCD

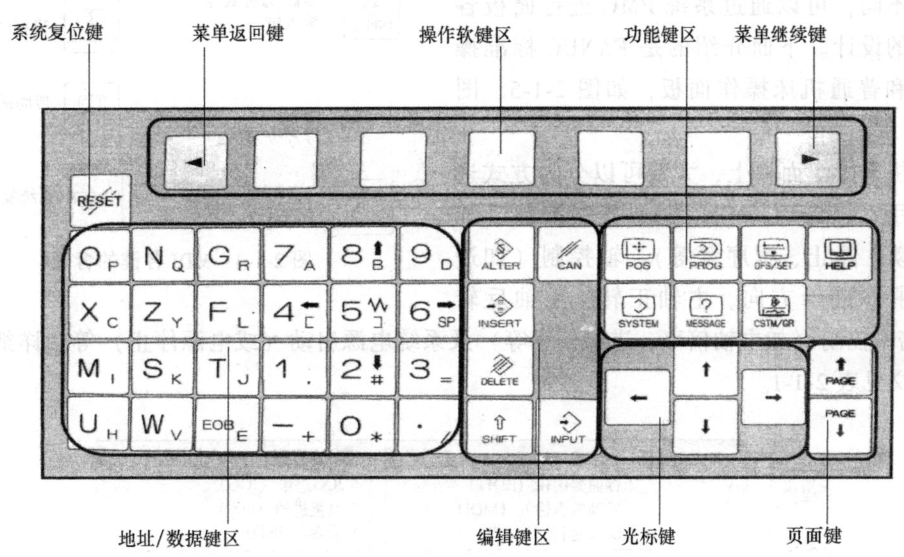

图 2-1-3　MDI 键的分布

2）SHIFT 键：上档键，按一下此键，再按字符键，将输入对应右下角的字符。

3）CAN 键：退格/取消键，可删除已输入到缓冲器的最后一个字符。

4）INPUT 键：写入键，当按了地址键或数字键后，数据被输入到缓冲器，并在屏幕上显示出来。

5）ALTER 键：修改键。

6）INSERT 键：插入键。

7）DELETE 键：删除键。

8）PAGE 键：翻页键，包括上下两个键，分别表示屏幕上页键和屏幕下页键。

9）HELP 键：帮助键，按此键用来显示如何操作机床。

10）RESET 键：系统复位键，按此键可以使 CNC 复位，用来消除报警。

11）方向键：分别代表光标的上、下、左、右移动。

12）软键区：这些键对应各种操作功能，根据操作界面相应变化。

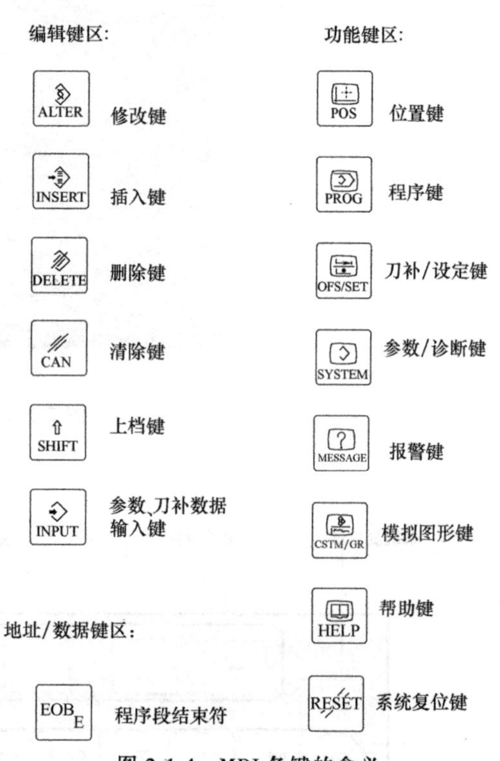

图 2-1-4 MDI 各键的含义

2. 机床操作面板上各功能键的含义

对于机床操作面板，由于生产厂家的不同而有所不同，主要在按钮或旋钮的设置方面有所不同，可以通过系统 PMC 进行面板各功能键的设计。下面介绍的是 FANUC 标准操作面板和普通机床操作面板，如图 2-1-5、图 2-1-6 所示。

在机床操作面板上，大致可以分为方式选择（如手动、自动、MDI 等）、程序控制（如循环启动、停止、程序锁等）、轴控制（如进给轴选择、进给方向、主轴正转、主轴反转等）、倍率控制（如主轴倍率、进给倍率等）及系统电源启动（或电源停止）等。详细的按键符号含义见表 2-1-1。

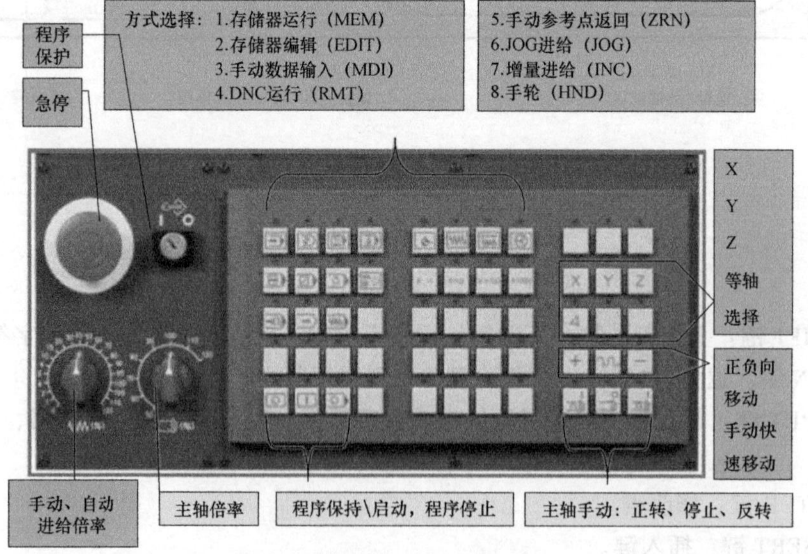

图 2-1-5 FANUC 标准操作面板

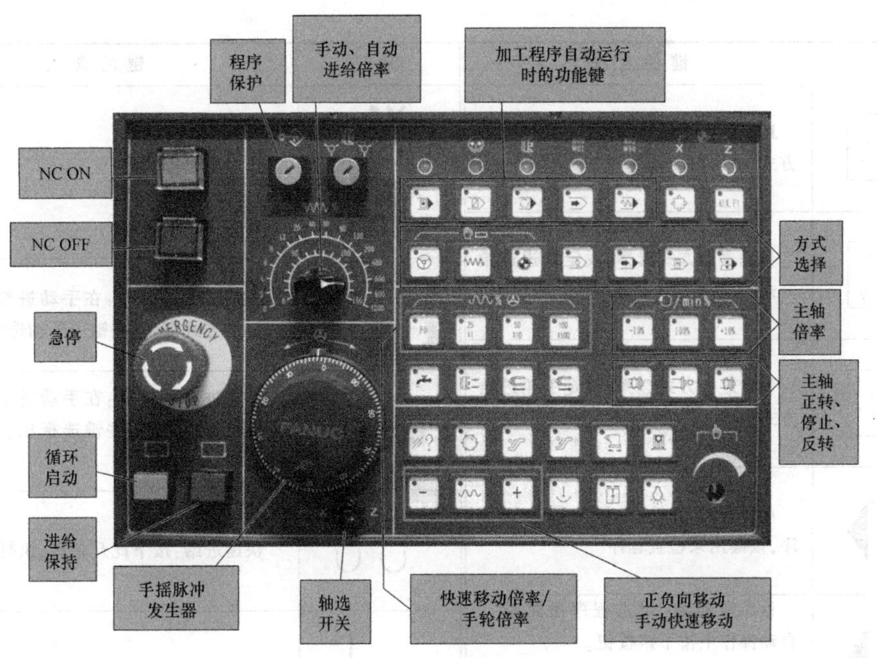

图 2-1-6　普通机床操作面板

表 2-1-1　按键符号的含义

符号	键 的 含 义	符号	键 的 含 义
	AUTO 方式选择信号：设定自动运行方式		程序重启动：由于刀具破损或节假日等原因自动操作停止后，程序可以从指定的程序段重新启动
	EDIT 方式选择信号：设定程序编辑方式		空运行：自动方式下按下此键，各轴不以编程速度而是以手动进给速度移动，此功能用于无工件装夹只检查刀具的运动
	MDI 方式选择：设定 MDI 方式		机械锁住：自动方式下按下此键，各轴不移动，只在屏幕上显示坐标值的变化
	DNC 运行方式：设定 DNC 运行方式		循环启动：自动操作开始
	参考点返回方式选择：返回参考点方式		循环停止：自动操作停止

（续）

符号	键的含义	符号	键的含义
	JOG进给方式选择：设定JOG进给方式	X1 X10 X100 X1000	手轮进给倍率 1、10、100、1000倍
	步进进给方式选择：设定步进进给方式	X Y Z 4 5 6	手动进给轴选择：在手动进给方式或步进进给方式下，这些键用于轴选择
	手轮进给方式选择：设定手轮进给方式	+ −	手动进给轴选择：在手动进给方式或步进进给方式下，这些键选择相应的轴的移动方向
	单程序段信号：一段一段执行程序，该键用来检查程序		快速进给：按下此开关后，执行手动进给
	程序段删除（可选程序段跳过）：自动操作中按下该按钮。 跳过程序段开头带有/和用（;）结束的程序段		主轴正转：使主轴电动机正方向旋转
	程序停（只用于输出）；自动操作中用M00程序停止操作时，该按钮显示灯亮		主轴反转：使主轴电动机反方向旋转
	可选停：执行程序中M01指令时，停止自动操作		主轴停：使主轴电动机停转

任务实施

对照实际实训装置进行相关按键的操作。

1. 机床开机的操作与急停的操作

1）合上电源总开关。

2）按绿色系统启动按钮。

3）当出现位置页面时表示上电成功，进入可操作状态。

4）弹起急停按钮，屏幕中的"EMG"消失，表示机床可以进行运动，如图2-1-7所示。

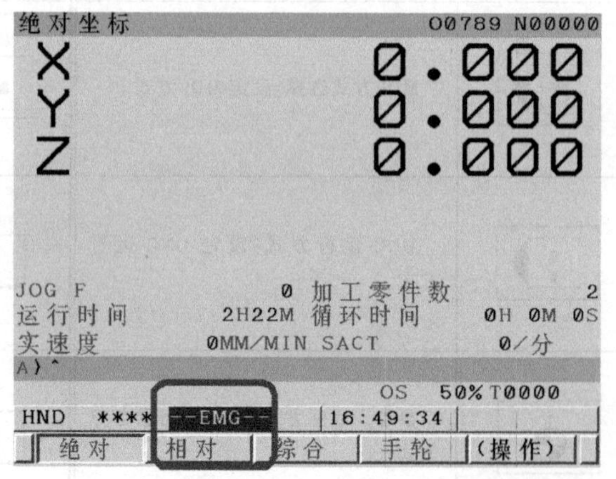

图2-1-7 急停画面

2. 方式的选择

1）通过方式选择可以实现手动、自动、编辑、MDI、手摇等方式的切换。

2）在各方式下进行相应操作。

3. 手轮的使用

在手摇方式下，将扭子开关拨到 X 方向，调节快速进给倍率，摇动手轮，X 进给轴工作。将扭子开关拨到 Z 方向，摇动手轮 Z 进给轴工作。

4. 倍率开关的使用

在手动方式下调节倍率开关，能改变进给轴的进给速度。

5. 急停的使用

1）当发生危险情况时，立即按下急停按钮。

2）这时机床的动作全部停止，该按钮同时会自锁。

3）当故障排除后，将该按钮按箭头方向旋转一个角度，即可复位。

任务评价

填写任务评价表见表 2-1-2。

表 2-1-2　任务评价表

产品类型	所操作设备规格
系统型号	
机床型号	
任务评价结果	
机床的开关机	
方式的选择	
手轮的使用	
倍率开关的使用	
急停的使用	

思考题

机床是如何实现在自动方式下加工的？

任务二　数控系统各画面的操作

任务目标

1. 掌握数控系统编辑、方式等画面的操作。
2. 掌握系统参数、PMC、伺服设定等画面的操作。

相关知识

一、和机床加工操作有关的画面操作

1. 回参方式

回参方式主要是进行机床机械坐标系的设定。选择回参方式，按机床操作面板上各轴返回参考点开关，使刀具沿参数 1006 #5 指定的方向移动。首先刀具以高速移动到减速点上，然后按 FL 速度移动到参考点。高速移动速度和 FL 速度由参数 1420、1421、1425 设定。回参画面如图 2-2-1 所示。

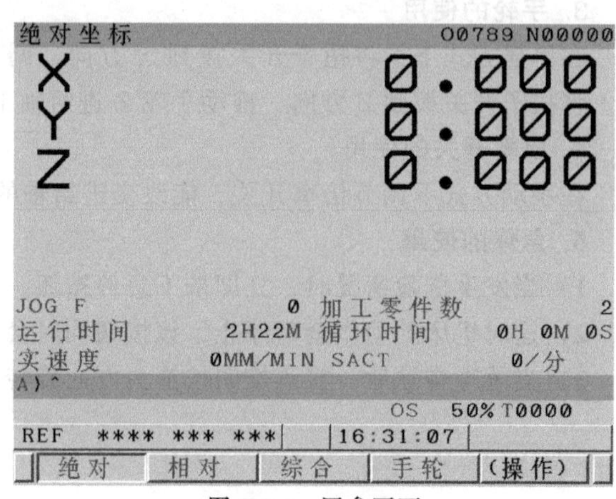

图 2-2-1 回参画面

2. 手动方式

选择手动（JOG）方式，按机床操作面板上的进给轴和方向选择开关（一般为同一个键），相对应的轴沿选定方向移动。手动连续进给速度由参数 1423 设定。按快速移动开关，以 1424 设定的速度移动机床。手动操作通常一次移动一个轴，但也可以用参数 1002#0 选择两轴同时运动。手动方式画面如图 2-2-2 所示。

3. 增量进给方式

选择增量进给（INC）方式，按机床操作面板上的进给轴和方向选择开关，在选定的轴方向上移动一步。坐标轴移动的最小距离是最小增量单位。每一步可以是最小输入增量单位的 1 倍、10 倍、100 倍或 1000 倍。当没有手摇时，此方式有效。增量进给方式画面如图 2-2-3 所示。

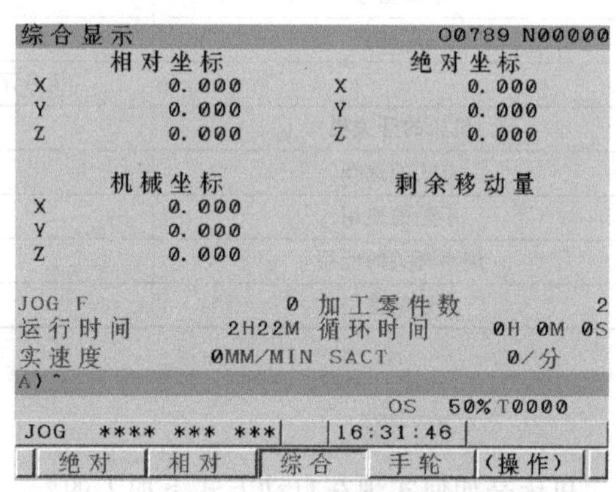

图 2-2-2 手动方式画面

4. 手轮进给方式

选择手轮进给方式，用开关选择移动轴和倍率，如图 2-2-4 所示。旋转手轮，相应坐标轴连续不断地移动。

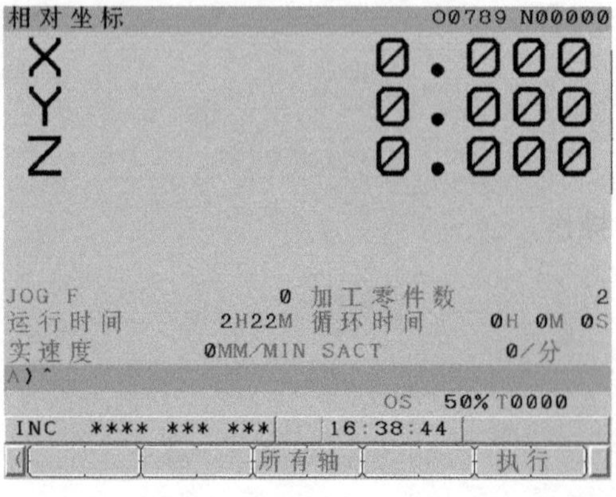

图 2-2-3 增量进给方式画面

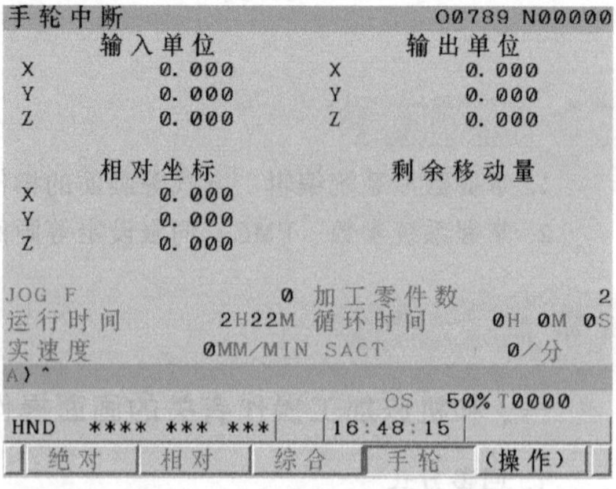

图 2-2-4 手轮进给方式画面

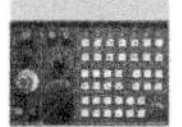

5. 存储器运行方式

在自动运行期间，程序预先存在存储器中，当选定一个程序并按下机床操作面板上的循环启动按钮时，系统开始自动运行。存储器方式画面如图 2-2-5 所示。

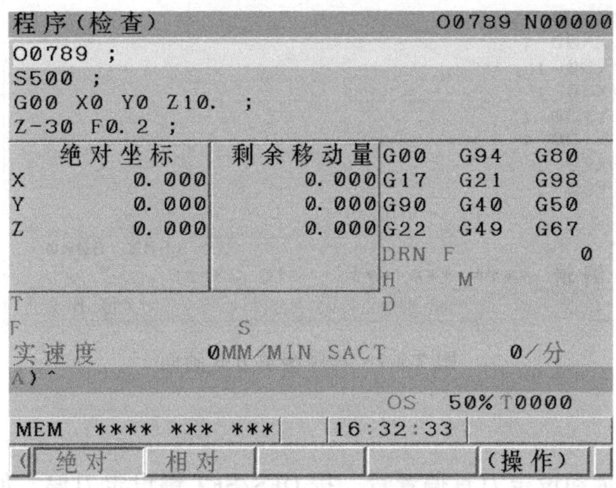

图 2-2-5　存储器方式画面

6. MDI 运行方式

选择 MDI 方式，在 MDI 面板上输入程序段，可以自动执行。MDI 运行一般用于简单的测试操作。MDI 方式画面如图 2-2-6 所示。

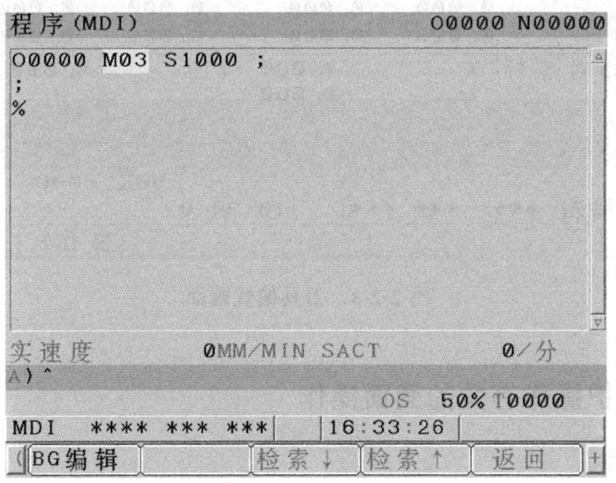

图 2-2-6　MDI 方式画面

7. 程序编辑方式

在程序编辑（EDIT）方式下可以进行程序的编辑、修改、查找等功能，如图 2-2-7 所示。

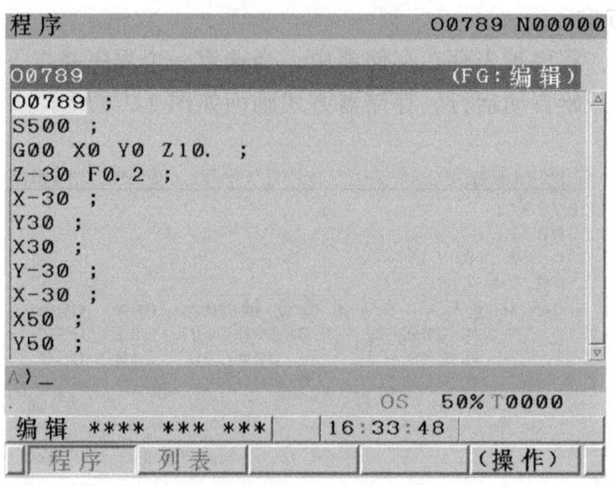

图 2-2-7 程序编辑方式画面

8. 刀偏方式

刀偏方式用于显示和设定刀具偏置量，按 OFS/SET 键设定刀偏，如图 2-2-8 所示。

刀偏 O0789 N00000

号.	形状(H)	磨损(H)	形状(D)	磨损(D)
001	0.000	0.000	0.000	0.000
002	0.000	0.000	0.000	0.000
003	0.000	0.000	0.000	0.000
004	0.000	0.000	0.000	0.000
005	0.000	0.000	0.000	0.000
006	0.000	0.000	0.000	0.000
007	0.000	0.000	0.000	0.000
008	0.000	0.000	0.000	0.000

相对坐标 X 0.000 Y 0.000
Z 0.000

A)^

OS 50% T0000

编辑 **** *** *** 16:34:07

刀偏 设定 坐标系 (操作) +

图 2-2-8 刀具偏置画面

二、和机床维护操作有关的画面操作

1. 参数设定画面

参数设定画面用于参数的设置、修改等操作。在操作时需要打开参数开关，按 OFS/SET 键显示图 2-2-9 所示画面就可以修改参数开关，参数开关为 1 时，可以进入参数画面进行修改，如图 2-2-10 所示。

2. 诊断画面

当出现报警时，可以通过诊断画面（见图 2-2-11）进行故障的诊断，只需按图 2-2-10 中的诊断键。

设定(手持盒)	O0789 N00000
写参数	=1 (0: 不可以 1: 可以)
TV 检查	=0 (0:关断 1:接通)
穿孔代码	=1 (0:EIA 1:ISO)
输入单位	=0 (0:毫米 1:英寸)
I/O 通道	= 4 (0-35: 通道号)
顺序号	=0 (0:关断 1:接通)
纸带格式	=0 (0:无变换 1:F10/11)
顺序号停止	= 0 (程 序 号)
顺序号停止	= 0 (顺 序 号)

A)^

OS 50% T0000

编辑 **** *** *** | 16:34:28

刀偏 | 设定 | 坐标系 | | (操作) | +

图 2-2-9　参数开关画面

参数　　O0789 N00000

设定

00000			SEQ			INI	ISO	TVC
	0	0	0	0	0	0	1	0
00001							FCV	
	0	0	0	0	0	0	0	0
00002	SJZ							
	0	0	0	0	0	0	0	0
00010						PEC	PRM	PZS
	0	0	0	0	0	0	0	0

A)^

OS 50% T0000

HND **** | 16:56:26

参数 | 诊断 | | 系统 | (操作) | +

图 2-2-10　参数画面

诊断　　O0789 N00000

0206	DTE	CRC	STB					
X	0	0	0	0	0	0	0	0
Y	0	0	0	0	0	0	0	0
Z	0	0	0	0	0	0	0	0
0280				DIR	PLS	PLC		MOT
X	0	0	0	0	0	0	0	0
Y	0	0	0	0	0	0	0	0
Z	0	0	0	0	0	0	0	0

0300 伺服误差

X 0

Y 0

Z 0

A)^

OS 50% T0000

编辑 **** *** *** | 16:34:57

号搜索

图 2-2-11　诊断画面

3. PMC 画面

PMC 就是利用内置在 CNC 的 PC 执行机床的顺序控制的可编程序机床控制器。PMC 画面是比较常用的一个画面，它可以进行状态查询、PMC 在线编辑、通信等功能。按 SYSTEM 键后按右扩展键出现 PMC 画面，如图 2-2-12 所示。

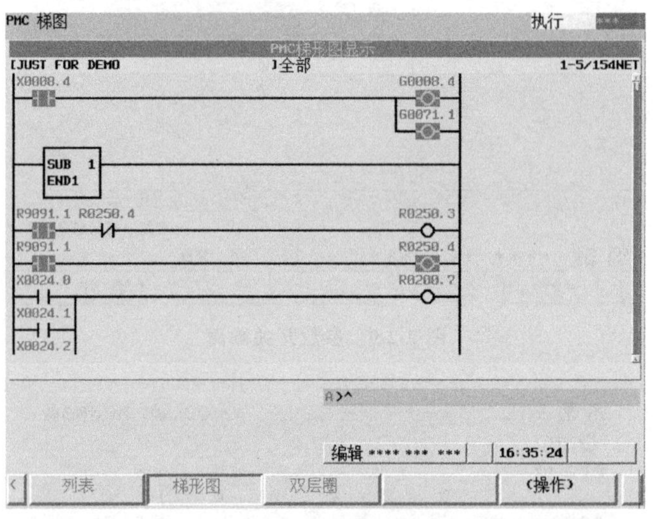

图 2-2-12 PMC 画面

4. 伺服监视画面

伺服监视（简称为 SV）画面主要是进行伺服的监视，如位置环增益、位置误差、电流、速度等。按 SYSTEM 键后按右扩展键出现 SV 设定，如图 2-2-13 所示。

伺服电机设定　O0789 N00000

X 轴

（参数）		（监视）	
功能位	00001000	报警 1	00000000
位置环增益	3000	报警 2	00000000
调整开始位	0	报警 3	00000000
设定周期	0	报警 4	00000000
积分增益	164	报警 5	00000000
比例增益	-1476	位置环增益	0
滤波	0	位置误差	0
速度增益	178	电流(%)	0
		电流(A)	0
		速度(RPM)	0

A) ^

OS 50% T0000

编辑 **** *** *** | 16:35:56

SV设定 | SV调整 | | | (操作)

图 2-2-13 伺服监视画面

5. 主轴监视画面

主轴监视（简称为 SP）画面主要是进行主轴状态的监视，如主轴报警、运行方式、速度、负载表等。按 SYSTEM 键后按右扩展键出现 SP 设定，如图 2-2-14 所示。

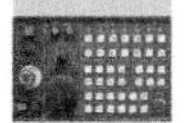

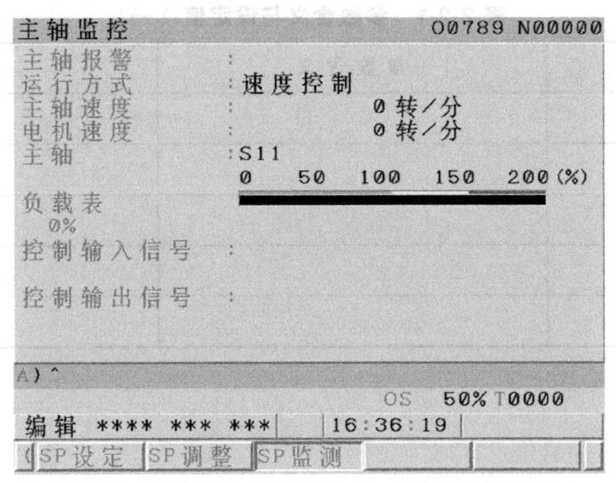

图 2-2-14 主轴监视画面

任务实施

根据上面所讲的知识，在 YL-558 型数控实验台（见图 2-2-15）上进行相关画面的操作。

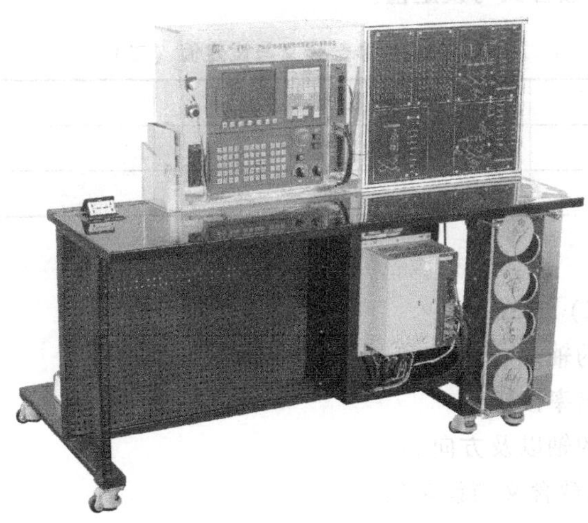

图 2-2-15 数控实验台

一、与机床加工有关的画面操作

按步骤进行各种工作方式下的基本操作练习，并完成相应表格的填写。

1. 回参方式（有挡块）

1）选择返回参考点方式。

2）选择返回参考点的轴。

3）持续按住参考点返回方向（+）。

4）伺服轴返回参考点完成，返回参考点指示灯亮。

5）填写表 2-2-1 参数含义与设定值。

表 2-2-1 参数含义与设定值（一）

相关参数	参数含义	设定值
1005#1		
1815#5		
1006#5		
1428		
1425		

2. 手动方式

手动操作

1）选择 JOG 方式。

2）选择进给轴。

3）持续按住方向键（+或-）。

4）利用进给倍率旋钮调节 JOG 进给速度。

5）同时按下手动快速移动键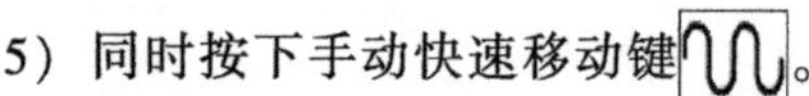。

6）利用快速移动倍率按钮调节手动快速移动速度。

7）填写表 2-2-2 参数含义与设定值。

表 2-2-2 参数含义与设定值（二）

相关参数	参数含义	设定值
1423		
1424		

3. 增量进给方式

1）选择增量（INC）方式。

2）选择需要移动的轴。

3）按下增量进给倍率按钮。

4）选择需要移动的轴以及方向。

5）填写表 2-2-3 参数含义与设定值。

表 2-2-3 参数含义与设定值（三）

相关参数	参数含义	设定值
8131#0		
7103#2		

4. 手轮进给方式

1）选择手轮方式。

2）选择需要移动的轴。

3）按下手轮进给倍率按钮选择移动距离的倍率。

4）旋转手轮使刀具沿所选轴移动。

5）填写表 2-2-4 参数含义与设定值。

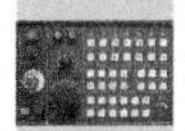

表 2-2-4　参数含义与设定值（四）

相关参数	参数含义	设定值
8131#0		
7113		
7114		

5. 存储器运行方式

1）切换编辑方式。

2）按下 MDI 键盘上的 PROG 键。

3）创建新程序或检索存储器中已有的加工程序。

4）切换存储器方式。

5）按下 循环启动按钮。

自动操作

6. MDI 运行方式

1）切换 MDI 方式。

2）按下 MDI 键盘上的 PROG 键。

3）MDI 键盘上输入加工指令：

M03S300；

G00X100；

M05；

4）按下 循环启动按钮。

7. 程序编辑方式

（1）程序的创建以及检索

编辑方式下的操作

1）选择编辑方式。

2）按下 键。

3）按下地址 键，输入程序号。

4）按下 键，创建新的程序。

5）或键入希望搜索的程序号，按下软键【0 检索】，检索存储器中的程序。

（2）程序的编辑

1）选择编辑方式。

2）通过光标键进行字的搜索。

3）通过 MDI 面板的 、 、 键，进行字的插入、修改以及删除的操作。

（3）程序的删除

1）选择编辑方式。

2）缓冲区里输入需要删除的程序号，输入 0~9999，可以进行程序的全清操作。

3）按下 键，删除程序。

8. 刀偏方式

在实验台上进行刀具偏置画面的操作。

二、与机床维护有关的画面操作

进行参数画面、诊断画面、PMC 画面、伺服监视画面、主轴监视画面的操作。

任务评价

填写任务评价表见表 2-2-5。

表 2-2-5 任务评价表

产品类型	所操作设备规格
系统型号	
设备型号	
任务评价结果	
方式选择	
刀偏画面操作	
参数画面操作	
诊断画面操作	
PMC 画面操作	
伺服画面操作	
主轴画面操作	

思考题

在 EDIT 方式下，完成一个程序的编辑，并在自动方式下进行执行。

项目三　伺服参数的设定与调整

项目描述

数控机床参数是数控系统的重要组成部分，它决定了机床的功能、控制精度等。机床参数使用得正确与否，直接影响机床的正常工作及机床性能的充分发挥。参数不正确有时还会使系统报警。另外，工作中常常遇到工作台不能回到零点、位置显示值不对或是用 MDI 键盘不能输入刀偏量等问题，这些故障往往和参数值有关，因此维修时若确认 PMC 信号或连线无误后，还应检查有关参数设置。

项目重点

1. 掌握数控机床参数的设置及修改方法。
2. 掌握数控机床基本参数的含义。
3. 掌握数控机床伺服参数的含义。
4. 掌握数控机床参数的备份。

任务一　数控机床基本参数的设置

任务目标

1. 掌握数控机床基本参数的设置。
2. 掌握伺服初始化参数的设置。
3. 巩固伺服驱动器的外围连接与上电。

相关知识

一、机床常用的参数含义

1. 数控机床与轴有关的参数

参数 1020：表示数控机床各轴的程序名称，如在系统显示画面显示的 X、Y、Z 等。一般设置是车床为 88、90，铣床与加工中心为 88、89、90。其具体设置见表 3-1-1。

参数 1022：表示数控机床设定各轴为基本坐标系中的哪个轴，一般设置为 1、2、3。其具体设置见表 3-1-2。

表 3-1-1 参数 1020 的设置

轴名称	X	Y	Z	A	B	C	U	V	W
设定值	88	89	90	65	66	67	85	86	87

表 3-1-2 参数 1022 的设置

设 定 值	含 义
0	旋转轴
1	基本 3 轴的 X 轴
2	基本 3 轴的 Y 轴
3	基本 3 轴的 Z 轴
5	X 轴的平行轴
6	Y 轴的平行轴
7	Z 轴的平行轴

参数 1023：表示数控机床各轴的伺服轴号，也可以称为轴的连接顺序，一般设置为 1、2、3，设定各控制轴为对应的第几号伺服轴。

参数 8130：表示数控机床控制的最大轴数及 CNC 控制的最大轴数。

2. 数控机床与存储行程检测相关的参数

1320：各轴的存储行程限位 1 的正方向坐标值。一般指定的为软正限位的值，当机床回零后，该值生效，实际位移超出该值时出现超程报警。

1321：各轴的存储行程限位 1 的负方向坐标值。含义与设定同参数 1320 基本一样，所不同的是指定的是负限位。

3. 数控机床与 DI/DO 有关的参数

3003#0：是否使用数控机床所有轴互锁信号。该参数需要根据 PMC 的设计进行设定。

3003#2：是否使用数控机床各个轴互锁信号。

3003#3：是否使用数控机床不同轴向的互锁信号。

3004#5：是否进行数控机床超程信号的检查，当出现 506、507 报警时可以设定。

3030：数控机床 M 代码的允许位数。该参数表示 M 代码后面面数字的位数，超出该设定出现报警。

3031：数控机床 S 代码的允许位数。该参数表示 S 代码后面数字的位数，超出该设定出现报警。例如当 3031 设定为 3 时，在程序中出现“S1000”即会产生报警。

3032：数控机床 T 代码的允许位数。

4. 数控机床与模拟主轴控制相关的参数

该部分参数是以 0i D 系统为例进行讲解的。

3717：各主轴的主轴放大器号设定为 1。

3720：位置编码器的脉冲数。

3730：主轴速度模拟输出的增益调整，调试时设定为 1000。

3735：主轴电动机的最低钳制速度。

3736：主轴电动机的最高钳制速度。

FANUC+0i 基本轴参数的设定

3741~3744：主轴电动机一档到四档的最大速度。

3772：主轴的上限转速。

8133#5：是否使用主轴串行输出。

5. 数控机床与串行主轴控制相关的参数

FANUC+0i 串行主轴及手轮参数设定

3716#0：主轴电动机的种类。

3717：各主轴的主轴放大器号设定为1。

3735：主轴电动机的最低钳制速度。

3736：主轴电动机的最高钳制速度。

3741~3744：主轴电动机一档到四档的最大速度。

3772：主轴的上限转速。

4133：主轴电动机代码，见表3-1-3。

表3-1-3 i系列主轴电动机代码

型号	β3/10000i	β6/10000i	β8/8000i	β12/7000i		ac15/6000i
代码	332	333	334	335		346
型号	ac1/6000i	ac2/6000i	ac3/6000i	ac6/6000i	ac8/6000i	ac12/6000i
代码	240	241	242	243	244	245
型号	α0.5/10000i	α1/10000i	α1.5/10000i	α2/10000i	α3/10000i	α6/10000i
代码	301	302	304	306	308	310
型号	α8/8000i	α12/7000i	α15/7000i	α18/7000i	α22/7000i	α30/6000i
代码	312	314	316	318	320	322
型号	α40/6000i	α50/4500i	α1.5/15000i	α2/15000i	α3/12000i	α6/12000i
代码	323	324	305	307	309	401
型号	α8/10000i	α12/10000i	α15/10000i	α18/10000i	α22/10000i	
代码	402	403	404	405	406	
型号	α12/6000ip	α12/8000ip	α15/6000ip	α15/6000ip	α18/6000ip	α18/6000ip
代码	407	4020(8000) 4023(94)	408	4020(8000) 4023(94)	409	4020(8000) 4023(94)
型号	α22/6000ip	α22/8000ip	α30/6000ip	α40/6000ip	α50/6000ip	α60/4500ip
代码	410	4020(8000) 4023(94)	411	412	413	414

6. 数控机床与显示和编辑相关的参数

3105#0：是否显示数控机床实际速度。

3105#1：是否将数控机床PMC控制的移动加到实际速度显示。

3105#2：是否显示数控机床实际转速、T代码。

3106#4：是否显示数控机床操作履历画面。

3106#5：是否显示数控机床主轴倍率值。

3108#4：数控机床在工件坐标系画面上，计数器输入是否有效。

3108#6：是否显示数控机床主轴负载表。

3108#7：数控机床是否在当前画面和程序检查画面上显示手动进给速度或者空运行速度。

3111#0：是否显示数控机床用来显示伺服设定画面软件。

3111#1：是否显示数控机床用来显示主轴设定画面软件。

3111#2：数控机床主轴调整画面的主轴同步误差。

3112#2：是否显示数控机床外部操作履历画面。

3112#3：数控机床是否在报警和操作履历中登录外部报警/宏程序报警。

3281：数控机床语言显示（见表 3-1-4)，该参数也可以通过诊断参数进行查看。

表 3-1-4 数控机床语言

0	1	2	3	4	5	6	7	8
英语	日语	德语	法语	繁体中文	意大利语	韩语	西班牙语	荷兰语
9	10	11	12	13	14	15	16	17
丹麦语	葡萄牙语	波兰语	匈牙利语	瑞典语	捷克语	简体中文	俄语	土耳其语

二、参数的设置步骤

首先设定 3111#0 为 1，表示显示伺服设定和伺服调整画面，然后转到伺服参数设定画面，进入初始化界面操作。

连续按 SYSTEM 键 3 次进入参数设定支援画面，如图 3-1-1 所示。

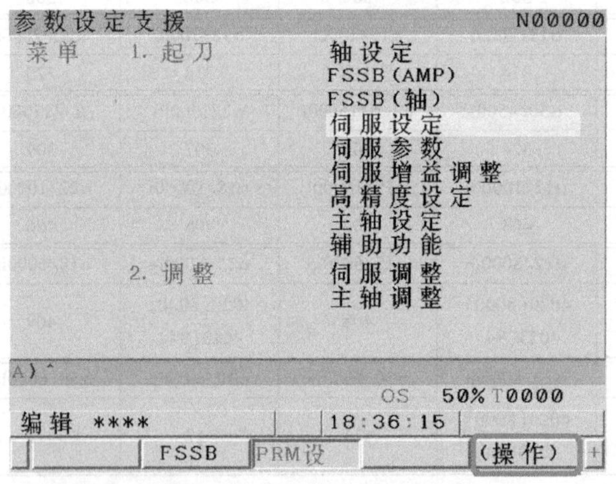

图 3-1-1 参数设定支援画面

将光标移动到伺服设定上然后按操作键进入选择画面，如图 3-1-2 所示。

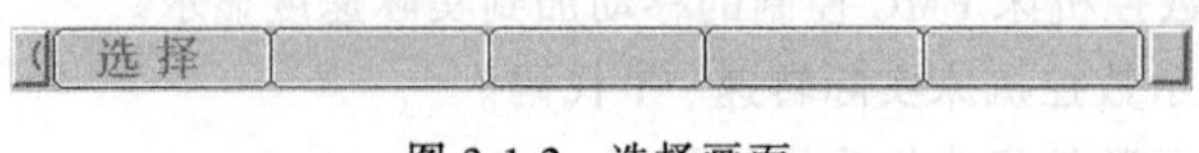

图 3-1-2 选择画面

在此界面按选择键进入伺服设定画面，如图 3-1-3 所示。

图 3-1-3 伺服设定画面

在此界面按向右扩展键进入菜单与切换画面，如图 3-1-4 所示。

图 3-1-4　菜单与切换画面

在此界面按切换键进入伺服初始化画面，如图 3-1-5 所示。

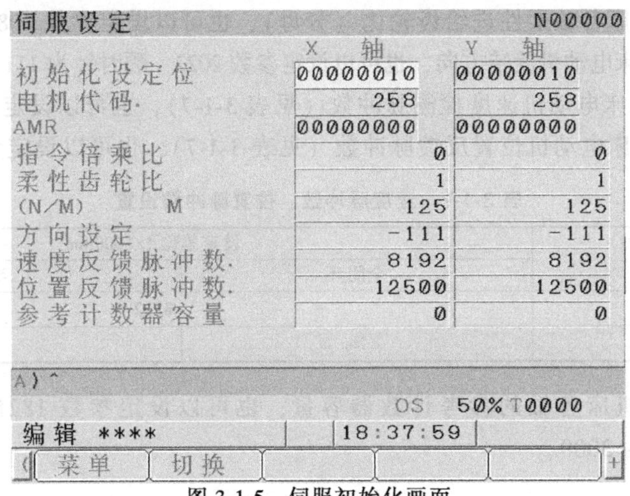

图 3-1-5　伺服初始化画面

在此界面便可以对伺服进行初始化操作。

1）第一项为机床初始化位，初始化时设定为 0，也可以设定参数 1902#0 位为 0。

2）第二项为机床各轴电动机代码，根据实际电动机型号设定此参数，也可以设定参数 2020。伺服电动机代码见表 3-1-5 和表 3-1-6。

表 3-1-5　α/β 伺服电动机代码表

型号	β1/3000	β2/3000	β3/3000	β6/3000	αc3/3000	α63/3000
代码	35	36	33	34	7	8
型号	αc12/2000	αc22/1500	α3/3000	α6/2000	α6/2000	α12/2000
代码	9	10	15	16	17	18
型号	α12/3000	α22/1500	α22/2000	α22/3000	α30/1200	α30/2000
代码	19	27	20	21	28	22
型号	α30/3000	α40/FAN	α40/2000	α65	α100/2000	α150
代码	23	29	30	39	40	41

表 3-1-6　i 系列伺服电动机代码表

型号	β4/4000is	β8/3000is	β12/3000is	β22/2000is	αc4/3000i
代码	156(256)	158(258)	172(272)	174(274)	171(271)
型号	αc8/2000i	αc12/2000i	αc22/2000i	αc30/2000i	α2/5000i
代码	176(276)	191(291)	196(296)	201(301)	155(255)
型号	α4/3000i	α8/3000i	α12/3000i	α22/3000i	α30/3000i
代码	173(273)	177(277)	193(293)	197(297)	203(203)
型号	α40/3000i	α4/5000is	α8/4000is	α12/4000is	α22/4000is
代码	207(307)	165(265)	185(285)	188(288)	215(315)
型号	α30/4000is	α40/4000is	α50/3000is	α50/3000is 风扇	α100/2500is
代码	218(318)	223(322)	224(324)	225(325)	235(335)

3）第三项不需要设定。

4）第四项为机床各轴的指令倍乘比（CMR），也可以设定参数 1820，表示最小移动单位和检测单位之比。

最小移动单位=检测单位×指令倍乘比

5）第五项为机床各轴柔性进给齿轮比（分子），也可以设定参数 2084。

6）第六项为机床各轴柔性进给齿轮比（分母），也可以设定参数 2085。

7）第七项为机床电动机旋转方向，也可以设定参数 2022，顺时针为 111，逆时针为-111。

8）第八项为机床电动机速度检测脉冲数（见表 3-1-7），也可以设定参数 2023。

9）第九项为机床电动机位置反馈脉冲数（见表 3-1-7），也可以设定参数 2024。

表 3-1-7 速度脉冲数、位置脉冲数设置

设定项目	设定单位 1/1000mm	
	全闭环	半闭环
速度脉冲数	8192	
位置脉冲数	Ns	12500

10）第十项为机床各轴的参考计数器容量，也可以设定参数 1821，设定范围为 0~99999999，调试时为 3000。

任务实施

根据上面讲的知识，在铣床实验台中数控系统完成基本参数的设置。

一、设置与机床运行相关的参数

1. 启动准备及首次开机后的报警的清除

当系统第一次通电时，需要全清处理，方法：上电时，同时按下面板上【________】+【________】按键，直到系统显示 IPL 初始程序加载页面，一次输入 1-0-0，结束 IPL，执行全清操作。

全清系统后，系统会发出以下报警，查阅资料，完成表 3-1-8。

表 3-1-8 报警内容与清除方法

报警号	报 警 内 容	清 除 方 法
SW0100	参数写入开关打开	
OT0506/507	正负向硬超程	
SV5136	放大器数不足	
SV1026	轴的分配非法	
SV0417	伺服非法 DGTL 参数	

2. 进行相关操作权限的设定

首先按 OFS/SET 键进去刀偏画面，在刀偏画面按设定软键，如图 3-1-6 所示。

图 3-1-6 刀偏画面

进入设定画面，输入数字“1”按输入软键，如图 3-1-7 所示。

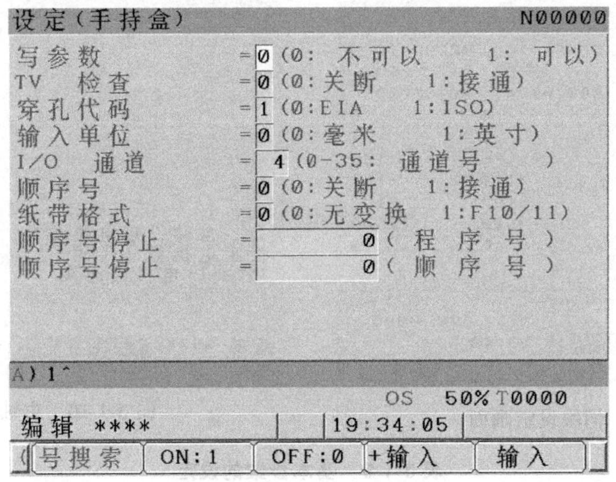

图 3-1-7 设定画面

输入数字 1 之后参数可写入后面变为 1，即可写入或修改参数，如图 3-1-8 所示。

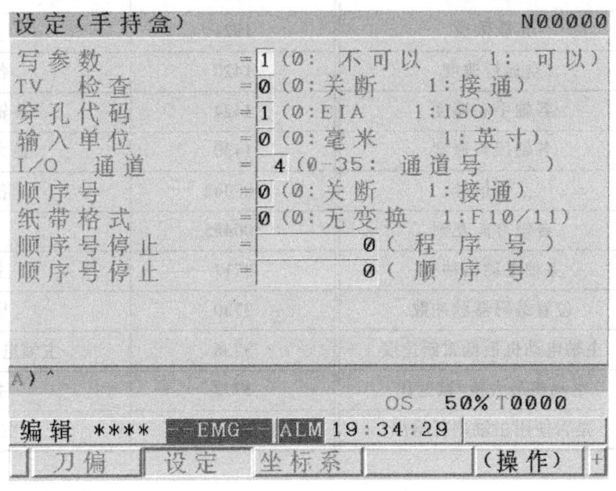

图 3-1-8 打开参数可写入开关

设定参数 3111#0 是否用来显示伺服设定画面的软件。当参数 3111#0 设定为 1 时显示伺服设定画面，如图 3-1-9 所示。

设定参数 3111#1 是否用来显示主轴设定画面的软件。当参数 3111#1 设定为 1 时显示主轴设定画面，如图 3-1-10 所示。

3. 基本参数的设定

基本参数的设定见表 3-1-9。

4. 参数的保存

在参数设置后需要进行参数的保存。

首先按 SYSTEM 键，然后按右扩展软件将画面选择到图 3-1-11 所示界面，然后按操作软键。

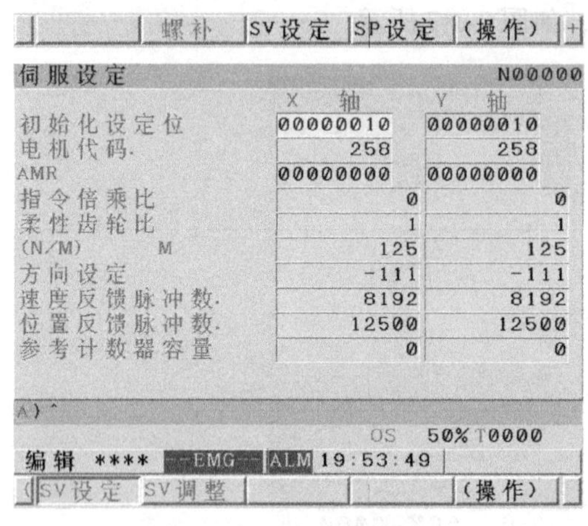

图 3-1-9 伺服设定画面

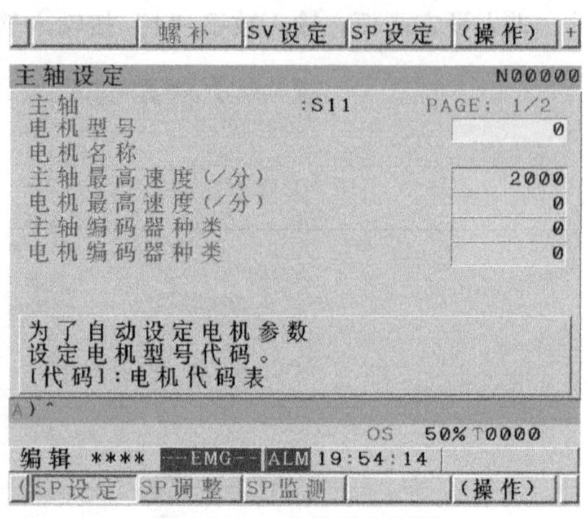

图 3-1-10 主轴设定画面

表 3-1-9 基本参数的设定

参数号	参数含义	参数号	参数含义
1020	轴名称	1022	轴属性
1023	轴顺序	8130	CNC 控制轴数
1320	正软限位	1321	负软限位
1410	空运行速度	1420	各轴快移速度
1423	各轴手动速度	1424	各轴手动快移速度
1425	各轴回参速度	1430	最大切削进给速度
3003#0	互锁信号	3003#2	各轴互锁信号
3003#3	各轴方向互锁	3004#5	超程信号
3716	主轴电动机种类	3717	主轴放大器号
3720	位置编码器脉冲数	3730	模拟输出增益
3735	主轴电动机最低钳制速度	3736	主轴电动机最高钳制速度
3741/2/3	电动机最大值/减速比	3772	主轴上限转速
8133#5	是否使用主轴串行输出	4133	主轴电动机代码

W. 诊断 | 所有IO | | | (操作) | +

图 3-1-11 显示界面

按向右扩展键，如图 3-1-12 所示。

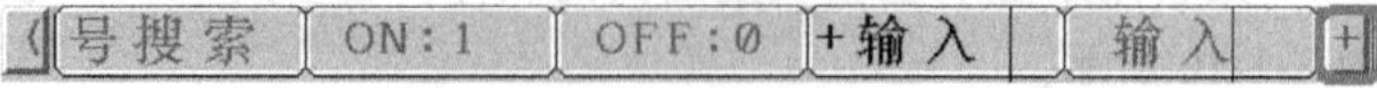

图 3-1-12 按向右扩展键

按 F 输出软键，如图 3-1-13 所示。

图 3-1-13 按 F 输出软键

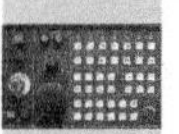

按全部或样品（见图 3-1-14），全部则是将所有参数复制到存储卡里，样品则是将非零值复制到存储卡里。

图 3-1-14　按全部或样品软键

按执行软键将所选参数复制到存储卡内，如图 3-1-15 所示。

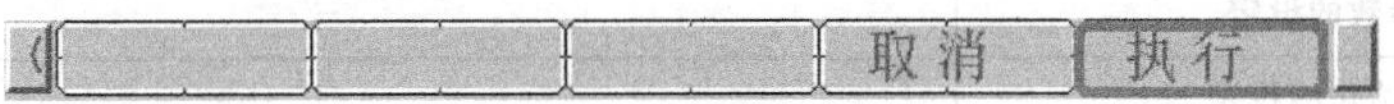

图 3-1-15　按执行软键

二、完成轴基本组参数设定，并记录参数值

将设定的参数值及含义填入表 3-1-10 中。

表 3-1-10　轴基本参数及含义

基本组参数	设　定　值	含　　义
1005#0		
1005#1		
1020		
1022		
1023		
1815#1		
1815#4		
1815#5		
1829		
1006#3		
1006#5		
1825		
1826		
1828		

任务评价

填写任务评价表见表 3-1-11。

表 3-1-11 任务评价表

产品类型	所连接实验台规格
系统型号	
进给放大器型号	
主轴驱动类型	
主轴放大器型号	
任务评价结果	
基本参数的设定	
伺服初始化的设定	

思考题

1. 数控机床需要设定哪几部分参数才能够使机床运转起来?
2. 数控机床需要设定哪几个参数才能使主轴第一档最高转速为 2000r/min?

任务二 数控机床进给参数的设置

任务目标

1. 掌握与进给相关的参数的含义。
2. 掌握进给参数的设置。

相关知识

1. 数控机床与速度有关的参数

1401#0：从接通电源到返回参考点期间，手动快速运行，0 为无效，1 为有效。

1403#7：螺纹切削循环回退操作中快速移动倍率。

1410：手动进给为 100%时的空运行速度。

1420：每个轴设定快速移动倍率为 100%时的快速移动速度。

1421：每个轴设定快速移动倍率的 F0 速度。

1423：每个轴的手动进给速度。

1424：每个轴设定快速移动倍率为 100%时的手动快速移动速度。

1425：每个轴设定参考点返回时，减速后的进给速度。

1430：每个轴设定的最大切削进给速度。

2. 数控机床与加减速控制相关的参数

1601#4：是否在快速移动程序段间进行程序段重叠。

1601#5：是否进行到位检测。

1620：每个轴的快速移动直线加减速的时间常数。

1622：每个轴的切削进给加减速时间常数。

1624：每个轴的手动进给加减速时间常数。

3. 数控机床与手轮有关的参数

8131#0：是否使用手轮进给。

7113：手轮进给倍率 M。

7114：手轮进给倍率 N。

4. 相关伺服参数

1801#4 ：切削进给时的到位宽度值。

1801#5：1801#4 位为 1 时，将切削进给时的到位宽度设定为切削进给专用参数。

1825：数控机床每个轴的伺服环增益。

伺服参数初始化

1826：数控机床每个轴的到位宽度。

1827：数控机床每个轴的切削进给时的到位宽度。

1828：数控机床每个轴移动中的位置偏差极限值。

1829：数控机床每个轴停止时的位置偏差极限值。

1851：数控机床每个轴的反向间隙补偿量。

1852：数控机床每个轴快速移动时的反向间隙补偿量。

2021：数控机床每个轴的负载惯量比。

5. 误差补偿

（1）反向间隙补偿

在机床工作台的运动中，从某一方向变为相反方向的时刻，会由于滚珠丝杠和螺母的间隙或丝杠的变形而丢失脉冲，就是所说的失动量。在机床上打表实测各轴的反向移动间隙量，根据实测的间隙值用参数设定其补偿量——补偿脉冲数（1μm/脉冲）。这样，在工作台反向时、执行 CNC 的程序移动指令前，CNC 将补偿脉冲经脉冲分配器按 CNC 事先设定的速率输出至相应轴的伺服放大器，对失动量补偿。反向间隙值与工作台的移动速度有关，设定相关参数，系统可以对 G00（快速移动）和进给速度（F）下的间隙分别进行补偿。

（2）螺距误差补偿

机床使用的滚珠丝杠，其螺距是有误差的。CNC 可对实测的各进给轴滚珠丝杠的螺距误差进行补偿。通常是用激光干涉仪测量滚珠丝杠的螺距误差。测量的基准点为机床的零点。每隔一定的距离设置一个补偿点，该距离是用参数设定。当然，各轴可以任意设定，比如 X 轴的行程长，设为 50mm 补一个点，Z 轴行程短或是要求移动精度高，设为 20mm 补一个点……补偿值根据实际测量的滚珠丝杠误差确定，其值（补偿脉冲个数）按照补偿点号（从基准点即机床零点算起）设定 CNC 的螺距误差补偿存储器。通常，一个补偿脉冲的当量是一个 μm。补偿值可正可负。在进给轴运动时，CNC 实时检测移动距离，按照这些事先设定的参数值在各轴的相应补偿点给各轴分别输出补偿值，使相应轴在 CNC 插补输出脉冲的基础上多走或少走相应的螺补脉冲数。系统开发了按工作台移动方向的双向螺距误差的补偿功能，进一步提高了进给轴的移动精度。

任务实施

在数控试验台与负载试验台（如图 3-2-1 所示）进行进给参数的设置。

图 3-2-1 负载试验台

一、参数设置

常用的参数设置见表 3-2-1，表中的参数为最基本的参数，可以完成最基本的功能。

表 3-2-1 常用参数

参数含义	FS-0iMA/MB FS-0i-Mate-MB FS-16/18/21M FS-16I/18I/21IM	FS-0i TA/TB FS-0i-Mate-TB FS-16/18/21T FS-16I/18I/21IT PM-O	备注(一般设定值)
程序输出格式为 ISO 代码	0000#1	0000#1	1
数据传输波特率	103,113	103,113	10
I/O 通道	20	20	0 为 232,4 为存储卡
用存储卡 DNC	138#7	138	1 可选 DNC 文件
未回零执行自动运行	1005#0	1005#0	调试时为 1
直线轴/旋转轴	1006#0	1006#0	旋转轴为 1
半径编程/直径编程		1006#3	车床的 X 轴
参考点返回方向	1006#5	1006#5	0:+,1:-

（续）

参数含义	FS-0iMA/MB FS-0i-Mate-MB FS-16/18/21M FS-16I/18I/21IM	FS-0i TA/TB FS-0i-Mate-TB FS-16/18/21T FS-16I/18I/21IT PM-O	备注（一般设定值）
轴名称	1020	1020	88(X),89(Y),90(Z),65(A),66(B),67(C)
轴属性	1022	1022	1,2,3
轴连接顺序	1023	1023	1,2,3
存储行程限位正极限	1320	1320	调试为 99999999
存储行程限位负极限	1321	1321	调试为-99999999
未回零执行手动快速	1401#0	1401#0	调试为 1
空运行速度	1410	1410	1000 左右
各轴快移速度	1420	1420	8000 左右
最大切削进给速度	1422	1422	8000 左右
各轴手动速度	1423	1423	4000 左右
各轴手动快移速度	1424	1424	可为 0，同 1420
各轴返回参考点 FL 速度	1425	1425	300~400
快移时间常数	1620	1620	50~200
切削时间常数	1622	1622	50~200
JOG 时间常数	1624	1624	50~200
分离型位置检测器	1815#1	1815#1	全闭环 1
电动机绝对编码器	1815#5	1815#5	伺服带电池 1
各轴位置环增益	1825	1825	3000
各轴到位宽度	1826	1826	20~100
各轴移动位置偏差极限	1828	1828	调试 10000
各轴停止位置偏差极限	1829	1829	200
各轴反向间隙	1851	1851	测量
P-I 控制方式	2003#3	2003#3	1
单脉冲消除功能	2003#4	2003#4	停止时微小振动设 1
虚拟串行反馈功能	2009#0	2009#0	如果不带电动机 1
电动机代码	2020	2020	查表
负载惯量比	2021	2021	200 左右
电动机旋转方向	2022	2022	111 或-111
速度反馈脉冲数	2023	2023	8192
位置反馈脉冲数	2024	2024	半闭环 12500，全闭环（电动机一转时表的微米数）
柔性进给传动比（分子）N	2084,2085	2084,2085	转动比，计算
互锁信号无数	3003#0	3003#0	*IT(G)8.0

（续）

参数含义	FS-0iMA/MB FS-0i-Mate-MB FS-16/18/21M FS-16I/18I/21IM	FS-0i TA/TB FS-0i-Mate-TB FS-16/18/21T FS-16I/18I/21IT PM-0	备注(一般设定值)
各轴互锁信号无效	3003#2	3003#2	* ITX- * IT4(G130)
各轴方向互锁信号无效	3003#3	3003#2	* ITX- * IT4(G132,G134)
减速信号极性	3003#5	3003#5	行程(常闭)开关 0 接近(常开)开关 1
超程信号无效	3004#5	3004#5	出现 506、507 报警时设定 1
显示器类型	3100#7	3100#7	0 单色,1 彩色
中文显示	3102#3	3102#(3190#6)	1
实际进给速度显示	3105#0	3105#0	1
主轴速度和 T 代码显示	3105#2	3105#2	1
主轴倍率显示	3106#5	3106#5	1
实际手动速度显示指令	3108#7	3108#7	1
伺服调整画面显示	3110#0	3110#0	1
主轴监控画面显示	3111#1	3111#1	1
操作监控画面显示	3111#5	3111#5	1
伺服波形画面显示	3112#0	3112#0	需要时 1,最后要为 0
指令数值单位	3401#0	3401#0	0:微米,1:毫米
各轴参考点螺补号	3620	3620	实测
各轴正极限螺补号	3621	3621	
各轴负极限螺补号	3622	3622	
螺补数据放大倍数	3623	3623	
螺补间隔	3624	3624	
是否使用串行主轴	3701#1	3701#1	0 带,1 不带
检测主轴速度到达信号	3708#0	3708#0	1 检测
主轴电动机最高钳制速度	3736		限制值/最大值 * 4095
主轴各档最高转速	3741/23	3741/2/3/4	电动机最大值/减速比
是否使用位置编码器	4002#1	4002#1	使用 1
主轴电动机参数初始化位	4019#7	4019#7	
主轴电动机代码	4133	4133	
CNC 控制轴数	8130(OI)	8130(OI)	
CNC 控制轴数	1010	1010	8130-PMC 轴数
手动是否有效	8131#0(OI)	8131#0(OI)	设 0 为步进方式
串行主轴有效	3701#1	3701#1	
直径编程		1006#3	同时 CMR=1

根据实际设备，完成进给轴进给速度组参数的设定并填写表 3-2-2。

表 3-2-2　参数设定值及含义

进给速度组参数	设　定　值	含　　义
1410		
1420		
1423		
1424		
1425		
1428		
1430		

二、SERVO GUIDE 的调试

FANUC SERVO GUIDE 是一个系统调试软件，通过使用这个软件对系统参数进行调整，可以实现：一是抑制机床振动（增益的调整），通过观察机床频率响应来调整；二是调整加工精度，通过观察机床走圆弧、走四方、走方带 1/4 圆弧来调整。抑制机床振动是基础，如果机床振动，则没法进行工件加工，调整加工精度可以进一步发挥机床性能。调整的时候也是按照这个顺序进行。

打开伺服调整软件 FANUC SERVO GUIDE 后，出现如图 3-2-2 所示菜单画面。

图 3-2-2　菜单画面

单击图 3-2-2 中的“通信设定”，出现如图 3-2-3 所示菜单。

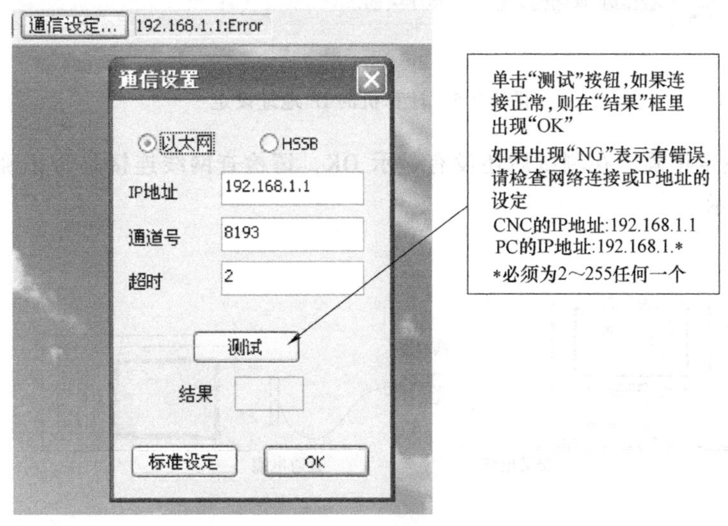

图 3-2-3　通信设定

项目三　伺服参数的设定与调整

CNC 的 IP 地址设定如图 3-2-4 所示。

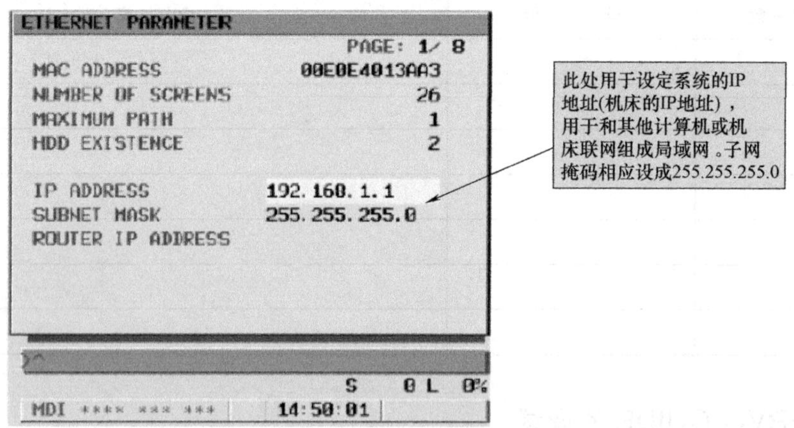

图 3-2-4 CNC 的 IP 地址设定

计算机的 IP 地址设定如图 3-2-5 所示。

图 3-2-5 计算机的 IP 地址设定

如果以上设定正确，在测试后还没有显示 OK，请检查网线连接是否正确，正确连接示意如图 3-2-6 所示。

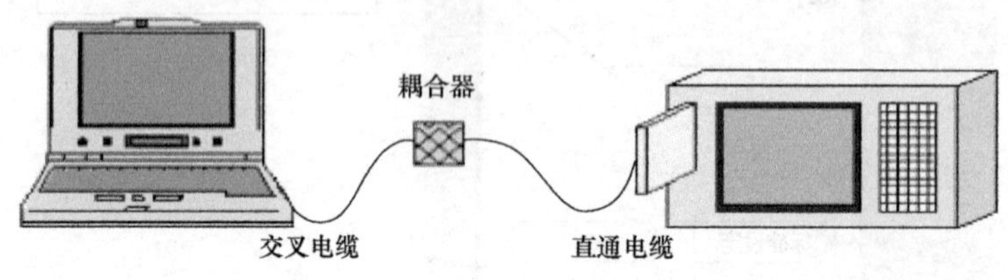

图 3-2-6 CNC-PC 正确连接示意

任务评价

填写任务评价表见表 3-2-3。

表 3-2-3 任务评价表

产品类型	所连接实验台规格
系统型号	
进给放大器型号	
主轴驱动类型	
主轴放大器型号	
任务评价结果	
基本参数的设定	
进给参数的设定	
SERVO GUIDE 的调试	

思考题

1. 当使用 SERVO GUIDE 软件调试时系统端和计算机端分别要把 IP 设定成多少？
2. 机床快速进给的速度与进给倍率有关吗？
3. JOG 进给速度如何设定为 2500mm/min，指令进给速度如何设定为 3000mm/min？

任务三　系统参数的备份

任务目标

1. 明确系统数据备份的作用。
2. 掌握 BOOT（引导画面）下系统参数的备份方法。
3. 掌握文本格式的系统参数保存。

数控机床的数据备份与还原

相关知识

一、系统数据备份的作用

现在的计算机在使用时，一般都会对系统进行备份，防止因为病毒、误操作等原因使系统损坏或者文件丢失后无法恢复。数控系统数据备份的作用与之是相同的。

机床出厂时，数控系统内的参数、程序、变量和数据都已经经过调试，并能保证机床的正常使用。但是机床在使用过程中，有可能出现数据丢失、参数紊乱等情况，这就需要对系统数据进行备份，以方便进行数据的恢复。另外，进行批量调试机床的时候也需要有备份好的数据。一旦参数、程序等出现误操作和人为修改后，要想恢复到原来的值，如果没有详细准确的记录可查，也没有数据备份，就会造成比较严重的后果。

只要掌握了系统数据备份的方法，就好比我们手中有了 Windows 系统安装盘、各种硬件驱动、各种应用软件和自己的数据备份盘，只要计算机不发生硬件故障（硬件故障率较低），我们完全无后顾之忧。例如，出现死机之类的软故障，重新安装软件就可以了。

系统数据的备份对初学者尤为重要，在对系统的参数、设置、程序等进行操作前，务必进行数据备份。

二、存储于 CNC 的数据

CNC 内部数据的种类和保存处见表 3-3-1。

表 3-3-1 内部数据的种类和保存处

数据的种类	保存处	备注
CNC 参数	SRAM	
PMC 参数	SRAM	
顺序程序	F-ROM	
螺距误差补偿量	SRAM	选择功能
加工程序	SRAM F-ROM	
刀具补偿量	SRAM	
用户宏变量	SRAM	选择功能
宏 P-CODE 程序	F-ROM	宏执行器 （选择功能）
宏 P-CODE 变量	SRAM	
C 语言执行器应用程序	F-ROM	C 语言执行器 （选择功能）
SRAM 变量	SRAM	

注：CNC 参数、PMC 参数、顺序程序、螺距误差补偿量 4 种数据随机床出厂。

三、CNC 中数据的备份方法

对于存储在 CNC 中的数据进行保存恢复的方法，有个别数据输入输出方法和整体数据输入输出方法两种，其区别见表 3-3-2。

表 3-3-2 整体备份与分别备份的区别

项目	分别备份	整体备份
输入输出方式	存储卡 RS-232-C 以太网	存储卡
数据形式	文本格式 （可利用计算机打开文件）	二进制形式 （不能用计算机打开文件）
操作	多画面操作	简单
用途	设计、调整	维修

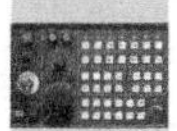

四、BOOT 画面下备份全部数据

使用 BOOT 功能，可以把 CNC 参数和 PMC 参数等存储于 SRAM 的数据，通过存储卡一次性全部备份，操作简单。

1）BOOT 的系统监控画面如图 3-3-1 所示。

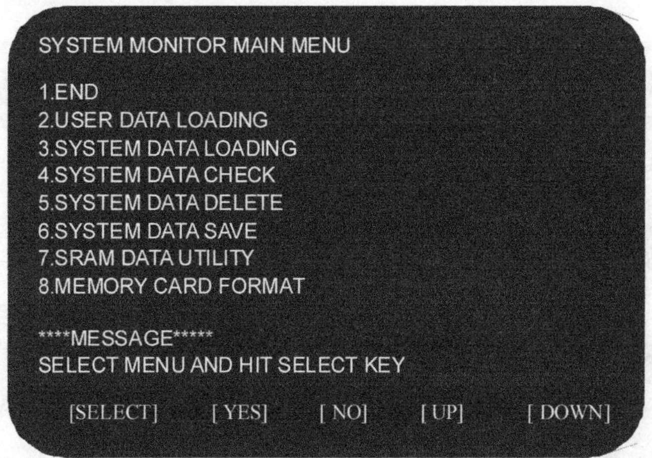

图 3-3-1　BOOT 的系统监控画面

2）选项含义说明见表 3-3-3。

表 3-3-3　BOOT 的系统监控画面选项说明

1	END	结束监控系统
2	USER DATA LOADING	把存储卡中的用户文件读取出来，写入 F-ROM 中
3	SYSTEM DATA LOADING	把存储卡中的系统文件读取出来，写入 F-ROM 中
4	SYSTEM DATA CHECK	显示写入到 F-ROM 中的文件
5	SYSTEM DATA DELETE	删除 F-ROM 中的顺序程序和用户文件
6	SYSTEM DATA SAVE	把写入到 F-ROM 中的顺序程序和用户文件用存储卡一次性备份
7	SRAM DATA UTILITY	把存储于 SRAM 中的 CNC 参数和加工程序用存储卡备份/恢复
8	MEMORY CARD FORMAT	进行存储卡的格式化

“SYSTEM DATA LOADING” 和 “USER DATA LOADING” 的区别在于，选择文件后有无文件内容的确认。

3）软键具体说明见表 3-3-4。

表 3-3-4　软键说明

软键	动　作	软键	动　作
<	在当前画面不能显示时，返回前一画面	UP	光标上移一行
SELECT	选择光标位置的功能	DOWN	光标下移一行
YES	确认执行时，用“是”回答	>	当前画面不能显示时，转向下一画面
NO	不确认执行时，用“否”回答		

一、使用 BOOT 进行系统参数备份步骤

1）按住以下最右端两个软键接通电源，直至显示系统监控画面，如图 3-3-2 所示。

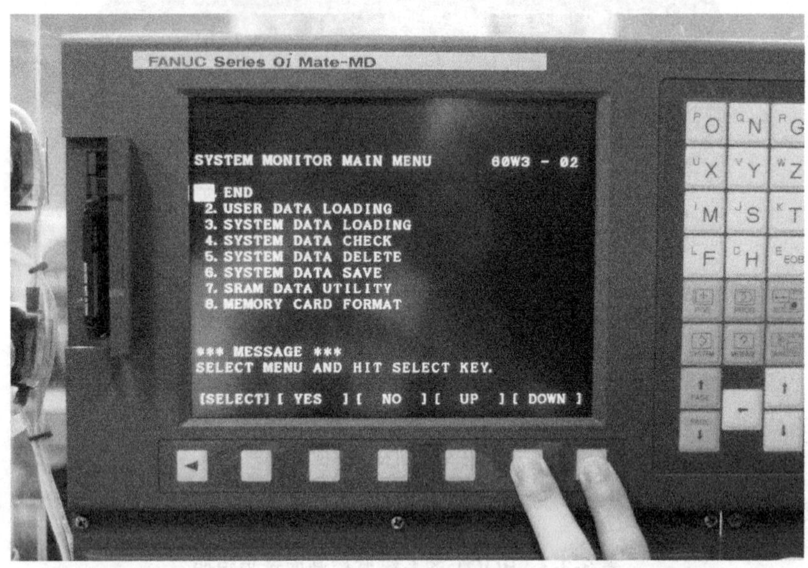

图 3-3-2 BOOT 画面启动

2）插入存储卡。插入存储卡时，注意单边朝上，如图 3-3-3 所示。

图 3-3-3 插入存储卡

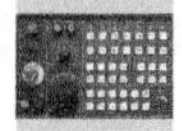

对准插槽轻插至底，如图 3-3-4 所示。

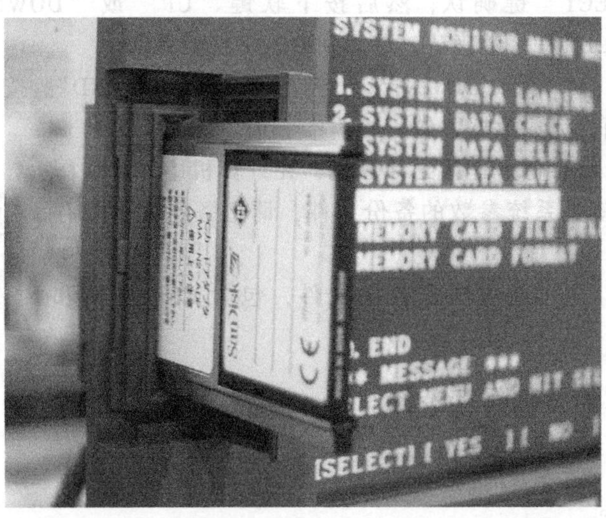

图 3-3-4　存储卡插入插槽

3）在图 3-3-1 所示的画面中，按下软键“UP”或“DOWN”，把光标移动到“7. SRAM DATA UTILITY”。

4）按下“SELECT”键，显示 SRAM DATA BACKUP 画面，如图 3-3-5 所示。

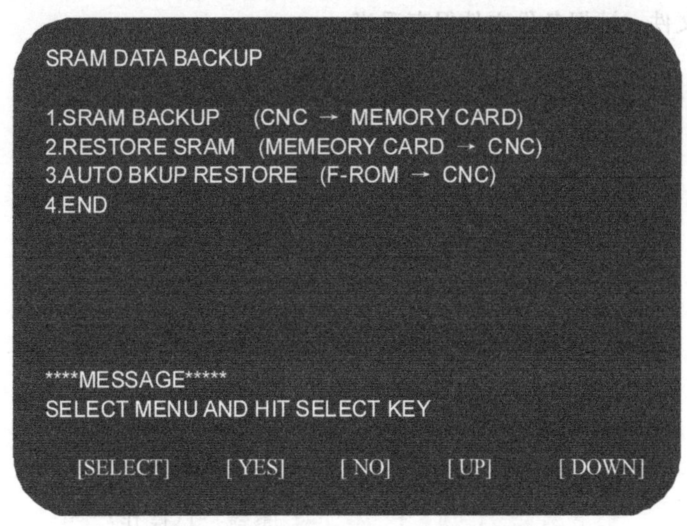

图 3-3-5　SRAM DATA BACKUP 画面

5）按下软键“UP”或“DOWN”，把光标移动到“1. SRAM BACKUP（CNC→MEMORY CARD）”。

6）按下“SELECT”键确认，出现如下提示：

ARE YOU SURE ? HIT YES OR NO.

7）按下“YES”键执行数据备份，出现如下提示，表示备份成功。

SRAM BACKUP COMPLETE. HIT SELECT KEY.

8）按下“SELECT”键确认，然后按下软键“UP”或“DOWN”，把光标移动到“4. END”，按下“SELECT”键确认，退回到 BOOT 初始界面。

9）按下软键“UP”或“DOWN”，把光标移动到“4. END”，按下“SELECT”键确认，退出 BOOT 画面，完成数据备份。

备份结束以后，将存储卡连接到计算机，在计算机中看到如图 3-3-6 所示的文件，就是系统参数的备份文件，请把备份文件保存妥当。

图 3-3-6　系统参数整体备份文件

需要注意的是，通过此方法保存的文件，包含 CNC 参数和 PMC 参数。

二、文本格式的参数保存步骤

1）启动系统。

2）插入存储卡。

3）选定 EDIT 方式，或设定为紧急停止状态。

4）按功能键 SYSTEM，或者在按下 SYSTEM 键后，按下选择软键［参数］，显示出参数画面，如图 3-3-7 所示。

5）依次按下软键［（操作）］［+］［F 输出］［全部］［执行］，输出 CNC 参数。

备份结束以后，将存储卡连接到计算机，在计算机中看到如图 3-3-8 所示的文件，就是系统参数的备份文件，请把备份文件保存妥当。

参数　O0011 N00000
设定
00000　SEQ　INI　ISO　TVC
0 0 0 0 0 0 0 0
00001　FCV
0 0 0 0 0 0 0 0
00002　SJZ
0 0 0 0 0 0 0 0
00010　PEC　PRM　PZS
0 0 0 0 0 0 0 0
A）^
OS 100% T0000
编辑 **** *** ***　14:36:58
参数　诊断　系统　（操作）　+

图 3-3-7　参数画面

用此方法备份的参数，可以用计算机打开，格式如图 3-3-9 所示。

CNC-PARA.TXT
文本文档
108 KB

图 3-3-8　系统参数文本文件

通过本任务的学习，了解了系统参数备份的两种方

法，这两种方法各有特点：使用 BOOT 进行系统参数备份，操作简单，不需要进入系统，而且备份系统参数的同时，PMC 参数也进行了备份，但是备份的文件无法通过计算机进行查看；文本格式的系统参数备份需要进入系统，操作也比较简单，而且备份的文件可以通过计算机查看分析。

系统参数的备份，并不是新设备使用前备份一次就可以了，而是要进行定期备份，特别是在需要进行参数设置前，一定要重新做好备份。备份的参数一定要妥善保管，可以采用存储卡和计算机同时备份的方法，增加参数备份保存的可靠性。

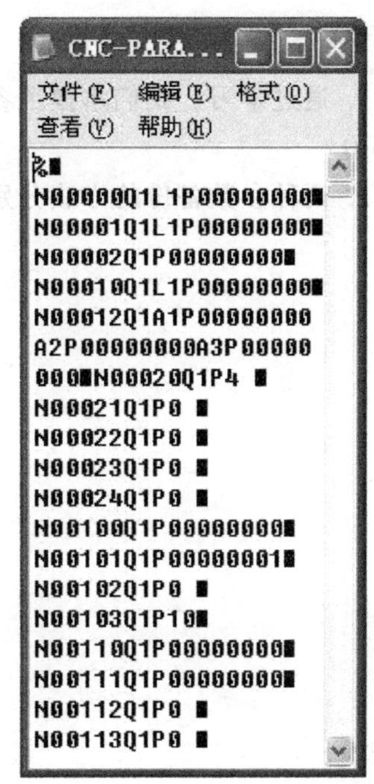

图 3-3-9　系统参数文本文件格式

三、注意事项

1）为防止存储卡内原有数据干扰备份，请进入 BOOT 画面后，先进入 MEMORY CARD FORMAT（存储卡格式化）画面对存储卡进行格式化。

2）注意存储卡插入的方向。

3）如果设备是 FANUC 0i C 系列，BOOT 画面可能会有所不同，书中实施步骤中，“7. SRAM DATA UTILITY”选项，应选“5. SRAM DATA BACKUP”，其余细节差别不影响操作。

操作完成后填写表 3-3-5。

表 3-3-5　数据备份记录

序号	数据类型	文件名称	保存处
1			
2			

任务评价

填写任务评价表见表 3-3-6。

表 3-3-6　任务评价表

产品类型	所连接实验台规格
系统型号	
机床型号	
任务评价结果	
使用 BOOT 进行系统参数备份	
文体格式的参数保存	

思考题

1. 通过学习，我们掌握了参数备份的方法，请思考，在哪些情况下我们需要去做参数的备份？

2. 两种参数备份的方法分别适合哪些场合？

项目四　PMC的硬件连接与地址设定

项目描述

PMC（Programmable Machine Controller）即数控机床内置式 PLC，是 FANUC 数控系统为区别于 SIMENS 数控系统的 PLC 而专门命名的。在数控机床中，CNC 是整个数控系统的核心装置，机床是最终的执行机构，而 PMC 是 CNC 与机床之间的纽带和信息交换的平台。FANUC LADDER Ⅲ软件用 RS-232 数据线可以对数控机床的 PMC 进行设置、程序备份、还原与在线编辑和监视。本项目的目标主要在于了解 PMC 的硬件组成、信号含义及画面的基本操作。

项目重点

1. 了解 PMC 的结构组成。
2. 掌握 PMC 的各画面操作。
3. 学会基本的 PMC 编程方法。

任务一　FANUC I/O 单元的组成及软件使用

任务目标

PMC 基础知识

1. 巩固 FANUC I/O LINK 的硬件连接。
2. 掌握 I/O 模块的地址分配。
3. FANUC LADDER III 软件的地址设定。

相关知识

一、PMC 的介绍

PMC 与 PLC 所需实现的功能是基本一样的。PLC 用于工厂一般通用设备的自动控制装置，而 PMC 专用于数控机床外围辅助电气部分的自动控制，所以称为可编程序机床控制器，简称 PMC。

PLC 是为进行自动控制而设计的装置。PLC 以微处理器为中心，可视为继电器、定时器及计数器的集合体。在内部顺序处理中，并联或串联常开触点和常闭触点，其逻辑运算结果用来控制线圈的通断。与传统的继电器控制电路相比，PLC 的优点在于时间响应速度快、控制精度高、可靠性好、结构紧凑、抗干扰能力强、编程方便、控制程序能根据控制的需要进行相应的修改、可与计算机相连、监控方便、便于维修。

从控制对象来说，数控系统分为控制伺服电动机和主轴电动机作各种进给切削动作的系统部分与控制机床外围辅助电气部分的 PMC。

PMC 与控制伺服电动机和主轴电动机的系统部分，以及与机床侧辅助电气部分的接口关系，如图 4-1-1 所示。

在图 4-1-1 中能够看到，X 是来自机床侧的输入信号（如接近开关、极限开关、压力开关、

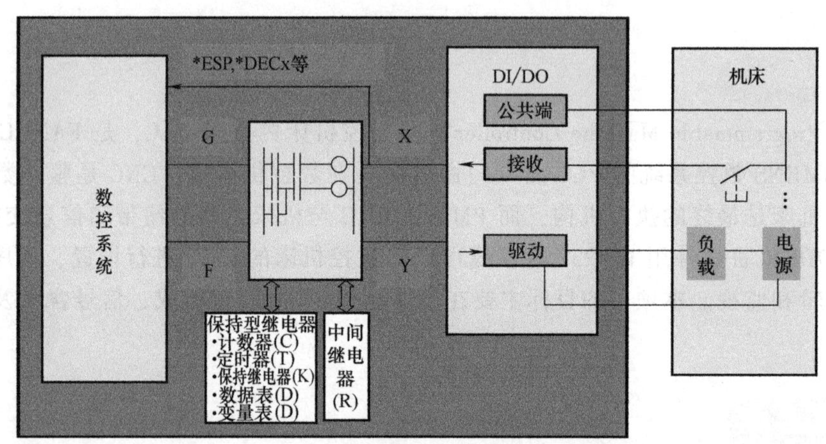

图 4-1-1　接口关系

操作按钮等输入信号元件，I/O LINK 的地址是从 X0 开始的)。PMC 接收从机床侧各装置输入的信号，在控制程序中进行逻辑运算，作为机床动作的条件及对外围设备进行诊断的依据。

Y 是由 PMC 输出到机床侧的信号。在 PMC 控制程序中，根据自动控制的要求，输出信号控制机床侧的电磁阀、接触器、信号灯等，满足机床运行的需要。I/O LINK 的地址是从 Y0 开始的。

F 是控制伺服电动机与主轴电动机部分输入到 PMC 的信号，就是将伺服电动机和主轴电动机的状态，以及请求相关机床动作的信号（如移动中信号、位置检测信号、系统准备完成信号等)，反馈到 PMC 中去进行逻辑运算，作为机床动作的条件及进行自诊断的依据，其地址从 F0 开始。

G 是由 PMC 侧输入到系统的信号，对系统部分进行控制和信息反馈（如轴互锁信号、M 代码执行完毕信号等)，其地址从 G0 开始。

表 4-1-1 为常用 I/O 信号的容量。

表 4-1-1　常用 I/O 信号的容量

字符	信号说明	型号	
		0i-D PMC	0i-D/0i-Mate/D PMC/L
X	输入信号(MT-PMC)	X0~X127 X200~X327	X0~X127
Y	输出信号(MT-PMC)	Y0~Y127 Y200~Y327	Y0~Y127
F	输入信号(NC-PMC)	F0~F767 F1000~F1767	F0~F767

（续）

字符	信号说明	型号	
		0i-D PMC	0i-D/0i-Mate/D PMC/L
G	输出信号(NC-PMC)	G0～G767 G1000～G1767	G0～G767
R	内部继电器	R0～R7999	R0～R1499
R	系统继电器	R9000～R9499	R9000～R9499
E	扩展继电器	E0～E9999	E0～E9999
A	信息请求信号	A0～A249 A9000～A9499	A0～A249 A9000～A9499
C	计数器	C0～C399 C5000～C5199	C0～C79 C5000～C5039
K	保持继电器	K0～K99 K900～K999	K0～K19 K900～K999
D	数据表	D0～D9999	D0～D2999
T	可变定时器	T0～T499 T9000～T9499	T0～T79 T9000～T9079
L	标签	L1～L9999	L1～L9999
P	子程序	P1～P5000	P1～P512

二、PMC 的地址分配

1. FANUC I/O 单元的连接

FANUC I/O LINK 是一个串行接口，将 CNC、单元控制器、分布式 I/O、机床操作面板或 Power Mate 连接起来，并在各设备间高速传送 I/O 信号（位数据）。当连接多个设备时，FANUC I/O LINK 将一个设备认作主单元，其他设备作为子单元。子单元的输入信号每隔一定周期送到主单元，主单元的输出信号也每隔一定周期送至子单元。0iD 系列和 0i MateD 系列中，JD51A 插座位于主板上。I/OLINK 分为主单元和子单元。作为主单元的 0i/0i Mate 系列控制单元与作为子单元的分布式 I/O 相连接。子单元分为若干个组，一个 I/OLINK 最多可连接 16 组子单元（0i Mate 系统中 I/O 的点数有所限制），根据单元的类型以及 I/O 点数的不同，I/O LINK 有多种连接方式。PMC 程序可以对 I/O 信号的分配和地址进行设定，用来连接 I/O LINK。I/O 点数最多可达 1024/1024 点。I/O LINK 的两个插座分别叫做 JD1A 和 JD1B，对所有单元（具有 I/O LINK 功能）来说是通用的。电缆总是从一个单元的 JD1A 连接到下一单元的 JD1B，即使最后一个单元是空着的，也无需连接一个终端插头。对于 I/O LINK 中的所有单元来说，JD1A 和 JD1B 的引脚分配都是一致的，不管单元的类型如何，均可按照图 4-1-2 来连接 I/O LINK。

2. PMC 地址的分配

FANUC 0i D/0i Mate D 系统中，由于 I/O 点、手轮脉冲信号都连在 I/O LINK 上，在 PMC 梯形图编辑之前都要进行 I/O 模块的设置（地址分配），同时也要考虑到手轮的连接位置。当使用 I/O 模块且不连接其他模块时，可以进行如下设置：X 从 X0 开始，设置为 0. 0. 1. OC02I；Y 从 Y0 开始，为 0. 0. 1. OC01O/8，如图 4-1-3 所示。具体设置说明如下：

1）0i-D 系统的 I/O 模块的分配很自由，但有一个规则，即连接手轮的手轮模块必须为 16 字节，且手轮连在离系统最近的一个 16 字节大小的模块的 JA3 接口上。对于此 16 字节模块，Xm+0 Xm+11 用于输入点，即使实际上没有那么多点，但为了连接手轮也需要如此

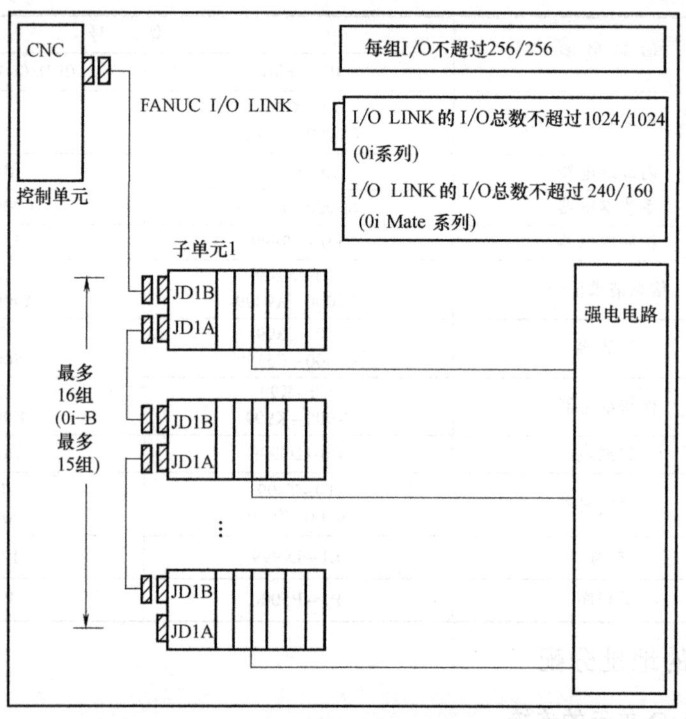

图 4-1-2 I/O LINK 连接图

分配。Xm+12 Xm+14 用于三个手轮的输入信号。只连接一个手轮时，旋转手轮可以看到 Xm+12 中的信号在变化。Xm+15 用于报警信号的输入。

PMC 构成 执行 ALM
PMC I/O模块一览 (1/4) 通道

地址	组	基板	槽	名称
Y0024	0	0	1	OC010
Y0025	0	0	1	OC010
Y0026	0	0	1	OC010
Y0027	0	0	1	OC010
Y0028	0	0	1	OC010
Y0029	0	0	1	OC010
Y0030	0	0	1	OC010
Y0031	0	0	1	OC010

A)^

MDI **** 15:33:09

编辑 次通道

图 4-1-3 PMC 地址分配画面

2）各 I/O LINK 模块都有一个独立的名字，在进行地址设定时，不仅需要指定地址，还需要指定硬件模块的名字。OC02I 为模块的名字，它表示该模块的大小为 16 字节；OC01I 表示该模块的大小为 12 字节；/8 表示该模块有 8 个字节；在模块名称前的“0.0.1”表示硬件连接的组、基板、槽的位置。从一个 JD1A 引出来的模块算是一组，在连接的过程中，要改变的仅仅是组号，从靠近系统的模块 0 开始数字逐渐递增。

3）原则上 I/O 模块的地址可以在规定范围内任意处定义，但是为了机床的梯形图统一管理，最好按照以上推荐的标准定义。注意，一旦定义了起始地址（m），该模块的内部地址就分配完毕了。

4）在模块分配完毕后，要注意保存，然后机床断电再上电，分配的地址才能生效。同时注意模块要优先于系统上电，否则系统上电时无法检测到该模块。

5）地址设定的操作可以在系统画面上完成，如图 4-1-4 所示；也可以在 FANUC LADDER III 软件中完成，如图 4-1-5 所示。0i D 的梯形图编辑必须在 FANUC LADDER III 5.7 版本或以上版本才可以编辑。

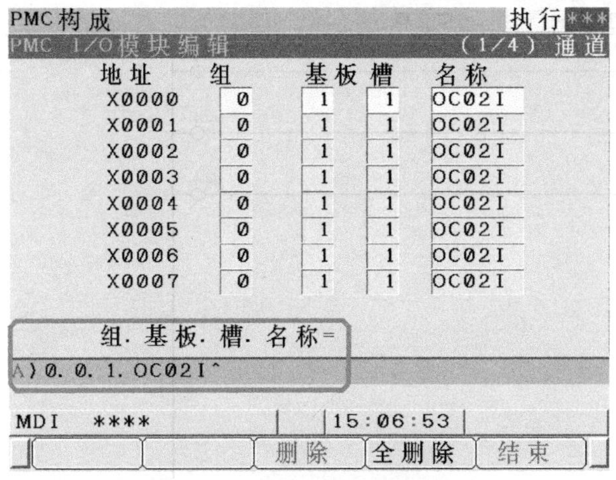

图 4-1-4　系统侧地址设定画面

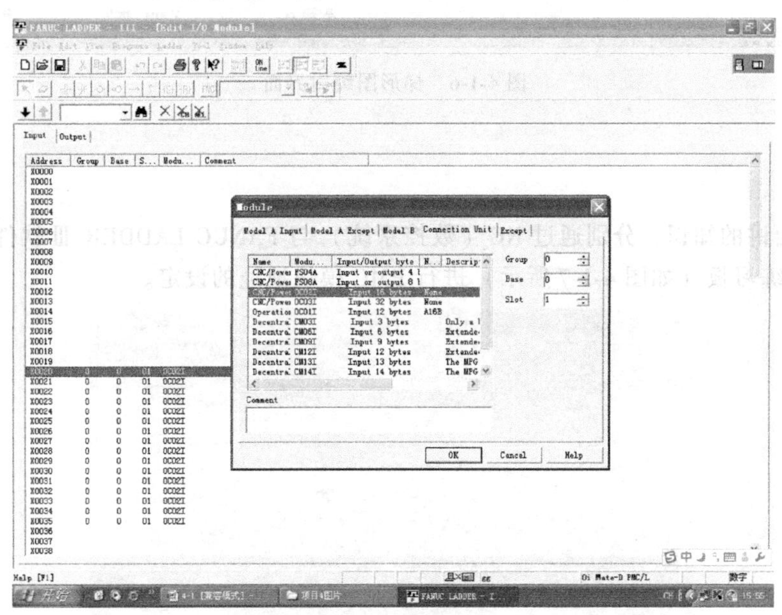

图 4-1-5　FANUC LADDER III 软件的地址设定

三、梯形图概要

在 PMC 程序中，使用的编程语言通常是梯形图（LADDER）。对于 PMC 程序的执行，可以简要地总结为，从梯形图的开头由上到下，然后由左到右，到达梯形图结尾后再回到梯形图的开头，循环往复，顺序执行。从梯形图的开头直到结束所需要的执行时间叫做循环处理时间，它取决于控制规模的大小。梯形图语句越少，处理周期时间越短，信号响应速度就越快。FANUC 的梯形图使用 FANUC LADDER Ⅲ 软件进行编辑，如图 4-1-6 所示。

图 4-1-6 梯形图编辑界面

任务实施

根据上面讲的知识，分别通过 NC（数控系统）与 FANUC LADDER Ⅲ 软件，为数控实验台的 PMC 练习板（如图 4-1-7 所示）进行 PMC 模块地址的设定。

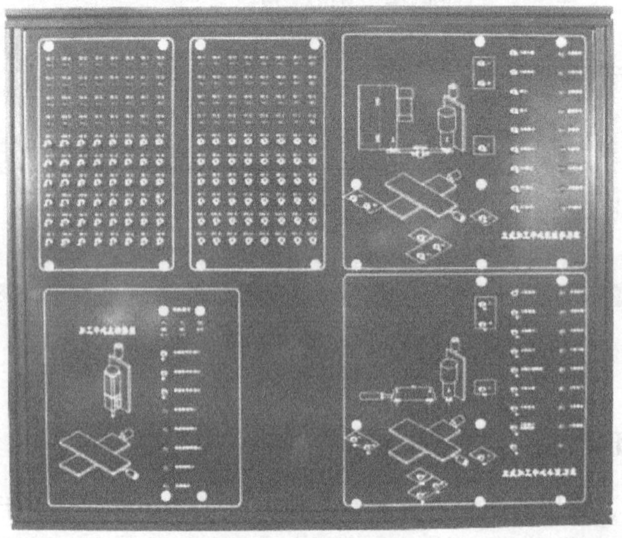

图 4-1-7 PMC 练习板

1）查阅资料了解现有 I/O LINK 模块的类型与输入输出容量，并填入表 4-1-2 中。

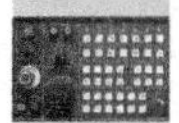

表 4-1-2　I/O LINK 模块资料

I/O LINK 模块类型	输入点数	输出点数

2）在系统上进行 I/O LINK 模块地址的设定，并填写表 4-1-3。

表 4-1-3　设定参数

组	座	槽	X 首地址/字节数	Y 首地址/字节数

3）在软件上进行 I/O LINK 模块地址的设定。

4）在系统上检验设定的结果。

任务评价

填写任务评价表见表 4-1-4。

表 4-1-4　任务评价表

产品类型	所连接实验台规格
系统型号	
PMC 模块类型	
任务评价结果	
NC 端地址设定	
软件端地址的设定	

思考题

为什么需要进行 I/O LINK 模块地址的设定？

任务二　FANUC PMC 画面的操作

任务目标

PMC 画面及基本操作

1. 掌握 FANUC 数控系统 PMC 各画面的操作与作用。
2. 掌握 FANUC LADDER Ⅲ 软件的一般使用。

相关知识

本任务中，将学习如何查看 PMC 屏幕画面。通过 PMC 屏幕画面，可以对梯形图进行监控、查看各地址状态、地址状态跟踪、参数（T\C\K\D）设定等操作。

一、PMC 各画面的系统操作

1. 进入 PMC 各换面画面的操作

首先按 SYSTEM 键进入系统参数画面，如图 4-2-1 所示。再连续按向右扩展菜单三次进入 PMC 操作画面，如图 4-2-2 所示。

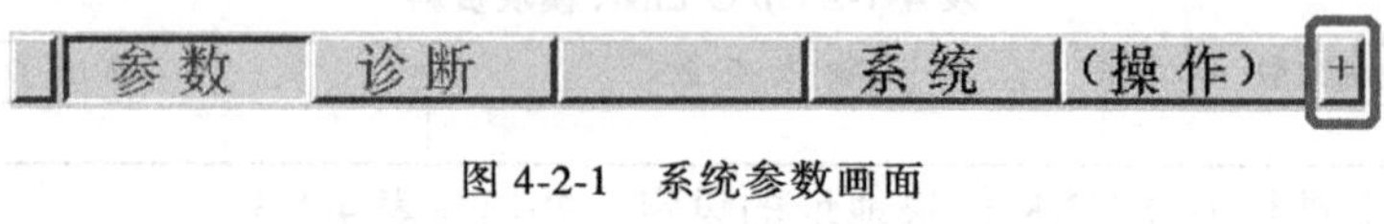

图 4-2-1 系统参数画面

PMCMNT	PMCLAD	PMCCNF	PM. MGR	(操作)	+

图 4-2-2 PMC 操作画面

2. 进入 PMC 诊断与维护画面

按 PMCMNT 键进入 PMC 维护画面，如图 4-2-3 所示。

PMC 诊断与维护画面可以进行监控 PMC 的信号状态、确认 PMC 的报警、设定和显示可变定时器、设定和显示计数器值、设定和显示保持继电器、设定和显示数据表、设定和显示输入/输出数据、显示 I/O LINK 连接状态、信号跟踪等操作。

PMC维护 执行 ALM

PMC 信号状态

地址	7	6	5	4	3	2	1	0	16进
A0000	0	0	0	0	0	0	0	0	00
A0001	0	0	0	0	0	0	0	0	00
A0002	0	0	0	0	0	0	0	0	00
A0003	0	0	0	0	0	0	0	0	00
A0004	0	0	0	0	0	0	0	0	00
A0005	0	0	0	0	0	0	0	0	00

A0000 : ( )

A)^

编辑 **** --EMG-- ALM 20:02:14

<	信号	I/OLNK	报警	I/O	(操作)	+

图 4-2-3 PMC 诊断与维护画面

1）监控 PMC 的信号状态。图 4-2-4 为 PMC 信号监控画面。

信息状态显示区显示在程序中指定的所在地址内容。地址的内容以位模式 0 或 1 显示，最右边每个字节以 16 进制或 10 进制数字显示。在画面下部的附加信息行中，显示光标所在地址的符号和注释。光标对准在字节单位上时，显示字节符号和注释。在本画面中按操作软键，输入希望显示的地址后，按搜索软键。按 16 进制软键进行 16 进制与 10 进制转换。要改变信息显示状态时按下强制软键，进入到强制开/关画面。

2）显示 I/O LINK 连接状态。图 4-2-5 为 I/O LINK 显示画面。

I/O LINK 显示画面上，按照组的顺序显示 I/O LINK 上所在连接的 I/O 单元种类和 ID 代码。按前通道软键显示上一个通道的连接状态；按次通道软键显示下一个通道的连接状态。

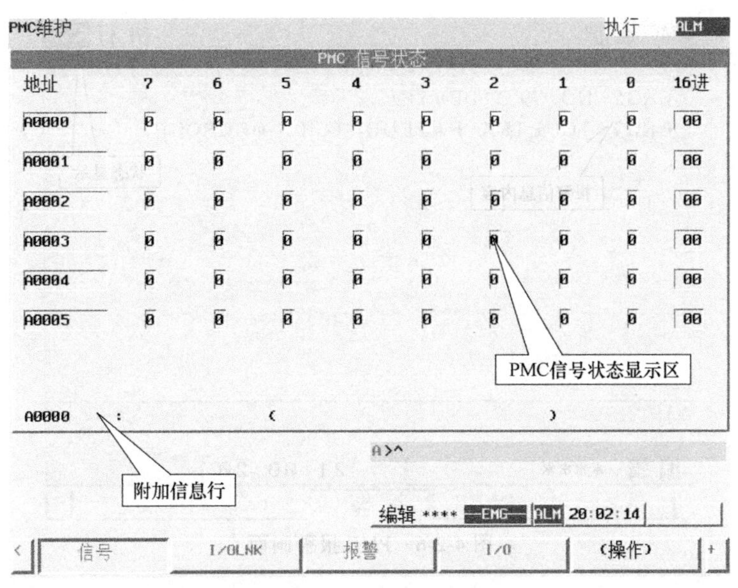

PMC 强制

图 4-2-4　PMC 信号监控画面

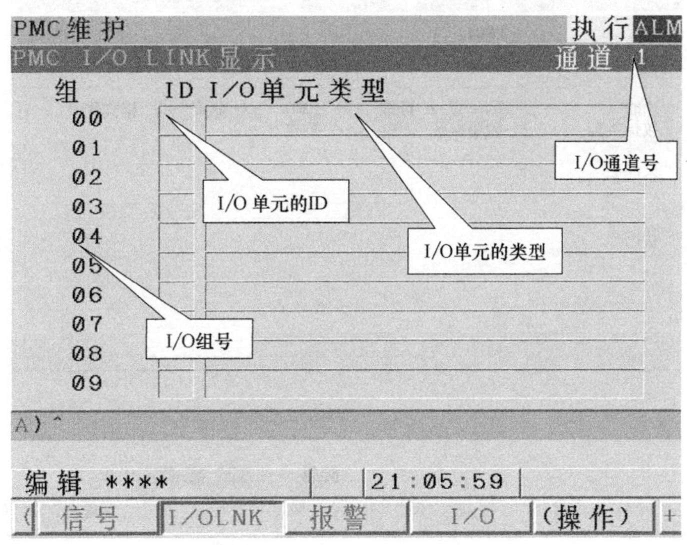

图 4-2-5　I/O LINK 显示画面

3）PMC 报警画面如图 4-2-6 所示。

报警显示区显示在 PMC 中发生的报警信息。当报警信息较多时会显示多页，这时需要用翻页键来翻到下一页。

4）输入/输出数据画面如图 4-2-7 所示。

在 I/O 画面上，顺序程序、PMC 参数以及各种语言信息数据可被写入到指定的装置内，并可以从指定的装置内读出和核对。

光标显示：上下移动各方向选择光标，左右移动各设定内容选择光标。

可以输入/输出数据的设备有存储卡、FLASH ROM、软驱等。

在画面下的状态中显示执行内容的细节和执行状态。此外，在执行写入、读取、比较

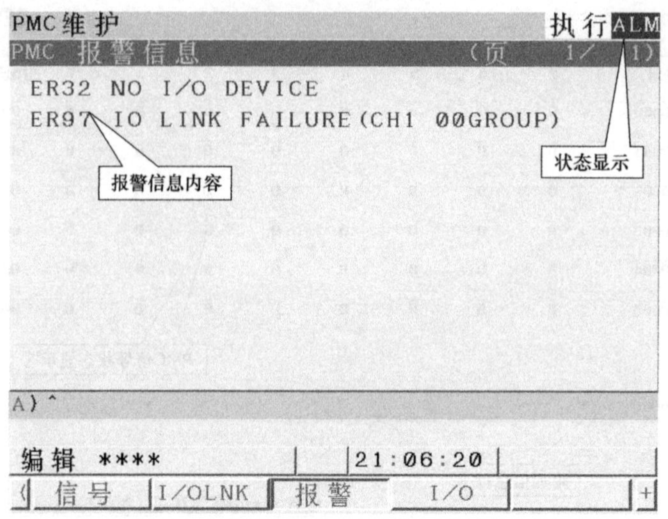

图 4-2-6 PMC 报警画面

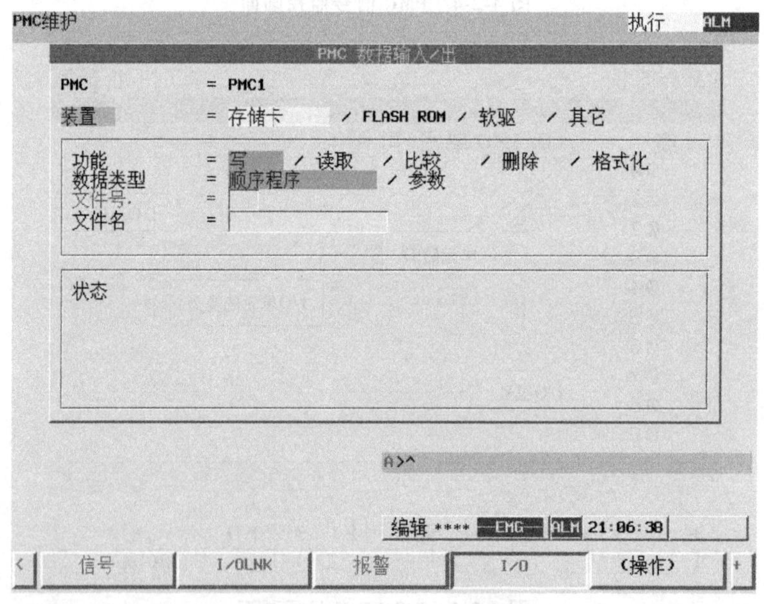

图 4-2-7 输入/输出数据画面

中，作为执行结果显示已经传输完成的数据容量。

5）定时器显示画面如图 4-2-8 所示。

定时器内容号：用功能指令时指定的定时器号。

地址：由顺序程序参照的地址。

设定时间：设定定时器的时间。

精度：设定定时器的精度。

6）计数器显示画面如图 4-2-9 所示。

计数器内容号：用功能指令时指定的计数器号。

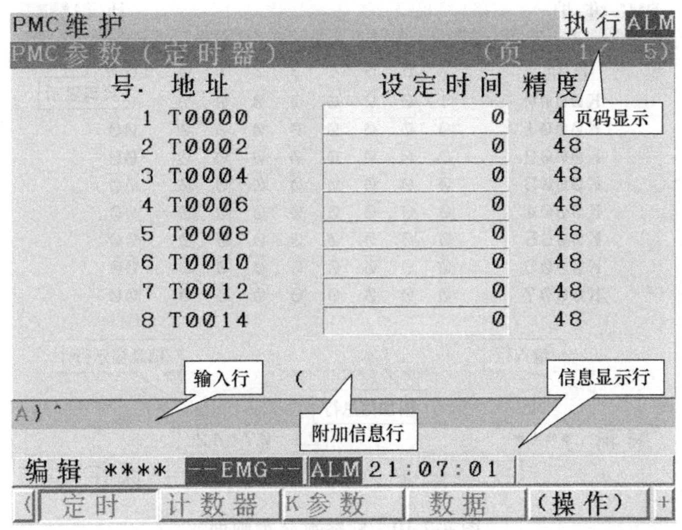

图 4-2-8 定时器显示画面

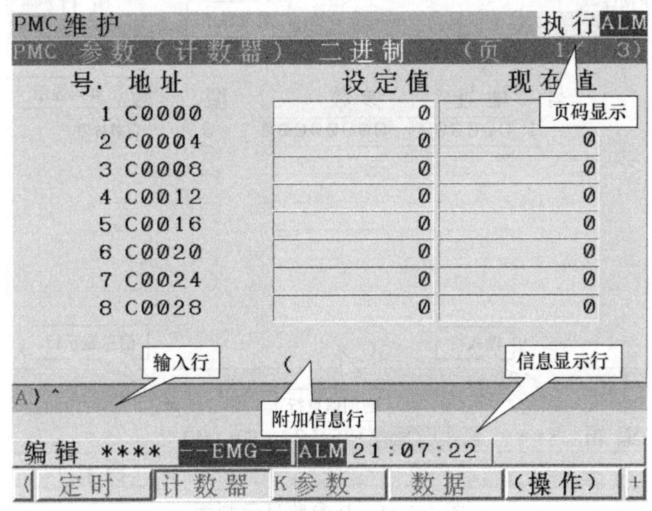

图 4-2-9 计数器显示画面

地址：由顺序程序参照的地址。

设定值：计数器的最大值。

现在值：计数器的现在值。

注释：设定值的 C 地址注释。

7）K 参数显示画面如图 4-2-10 所示。

地址：由顺序程序参照的地址。

0~7：每一位的内容。

16 进：以 16 进制显示的内容。

8）D 参数显示画面如图 4-2-11 所示。

组数：数据表的数据数。

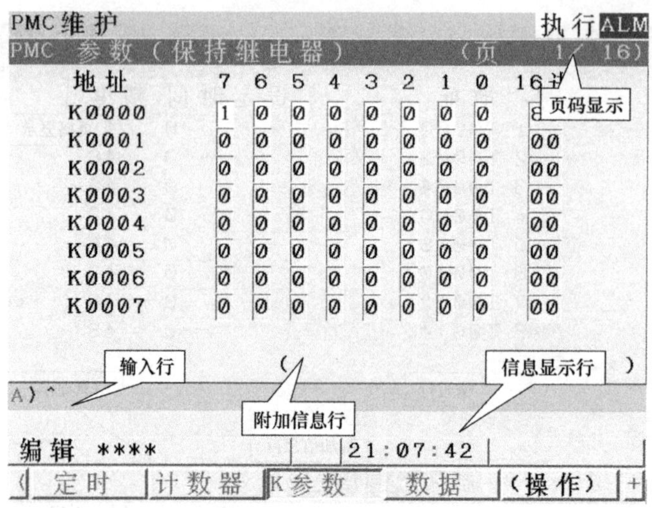

图 4-2-10　K 参数显示画面

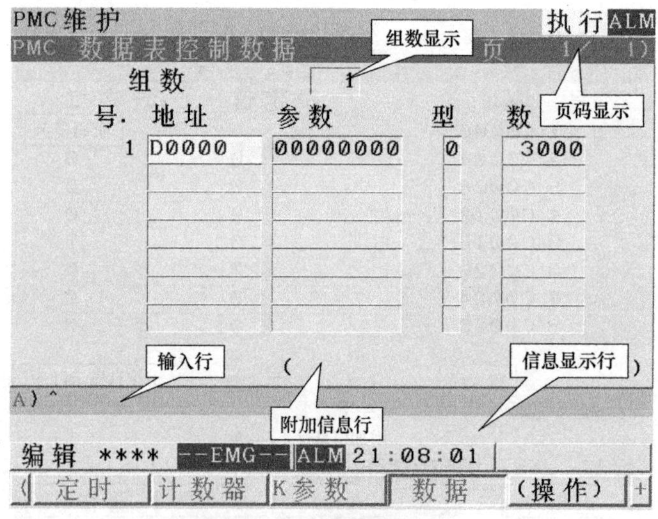

图 4-2-11　D 参数显示画面

号：组号。

地址：数据表的开头地址。

参数：数据表的控制参数内容。

型：数据长度。

数据：数据表的数据数。

注释：各组的开头 D 地址的注释。

退出时按 POS 键即可退回到坐标显示画面。

3. 进入梯形图监控与编辑画面

进入梯形图监控与编辑画面可以进行梯形图的编辑与监控以及梯形图双线圈的检查等内容。再按 PMCLAD 键进入 PMC 梯形图状态画面。

1）列表显示画面如图 4-2-12 所示，主要是显示梯形图的结构等内容。在 PMC 程序一

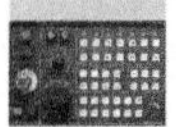

览表中，带有“锁”标记的表示不可以查看与不可以修改；带有“放大镜”标记的表示可以查看但不可以编辑；带有“铅笔”标记的表示可以查看也可以修改。

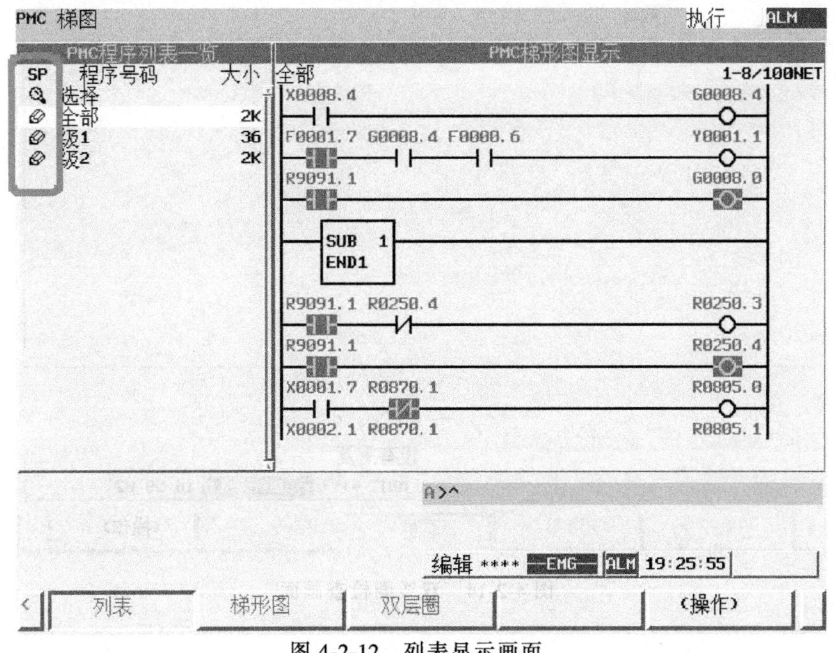

图 4-2-12　列表显示画面

2）梯形图显示画面如图 4-2-13 所示。在 SP 区选择梯形图文件后，进入梯形图画面就可以显示梯形图的监控画面，在这个画面中就可以观察梯形图各状态的情况。

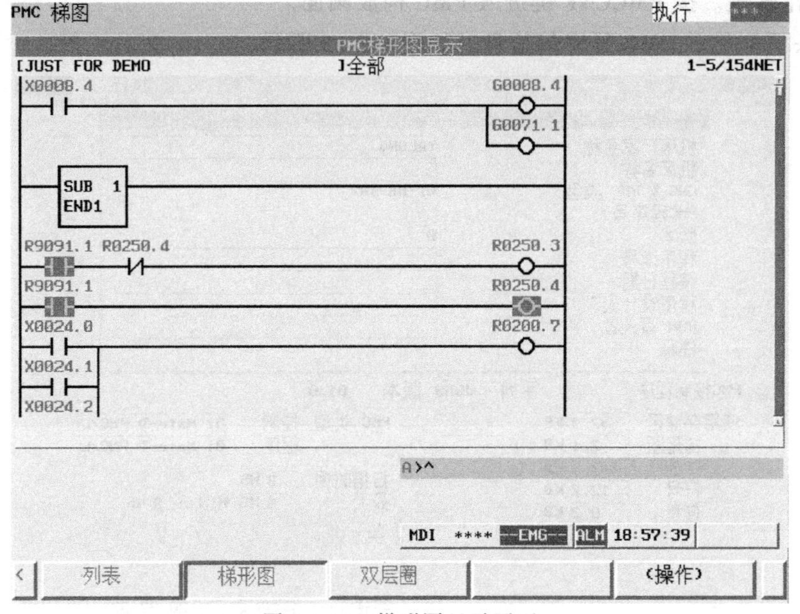

图 4-2-13　梯形图显示画面

3）双线圈检查画面如图 4-2-14 所示。在双线圈画面可以检查梯形图中是否有双线圈输出的梯形图，最右边的“操作”软键表示该菜单下的操作项目。

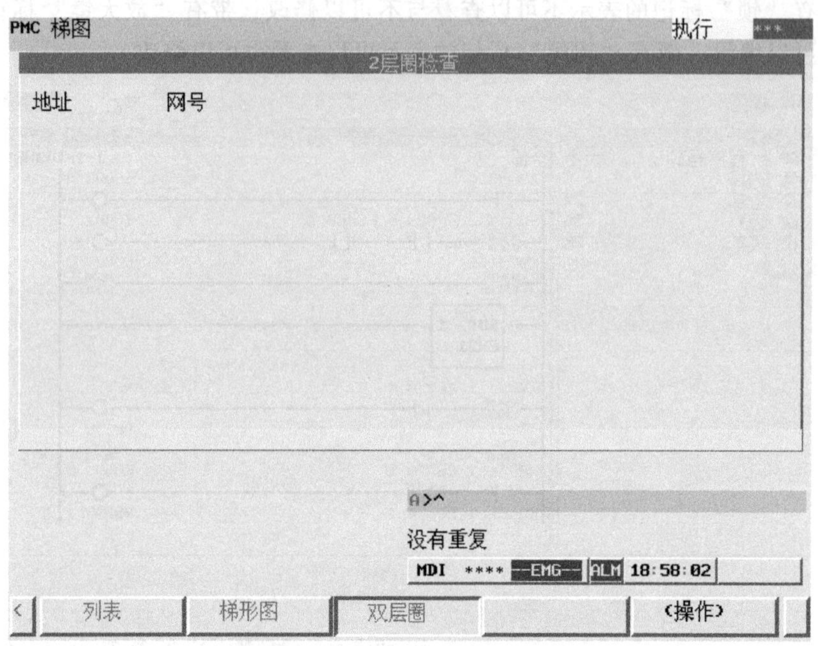

图 4-2-14　双线圈检查画面

退出时按 POS 键即可退回到坐标显示画面。

4. 进入梯形图配置画面

梯形图配置画面可以分为标头、设定、PMC 状态、SYS 参数、模块、符号、信息、在线和一个操作软键。按 PMCCNF 键进入 PMC 构成画面。

1）标头画面显示 PMC 程序的信息，如图 4-2-15 所示。

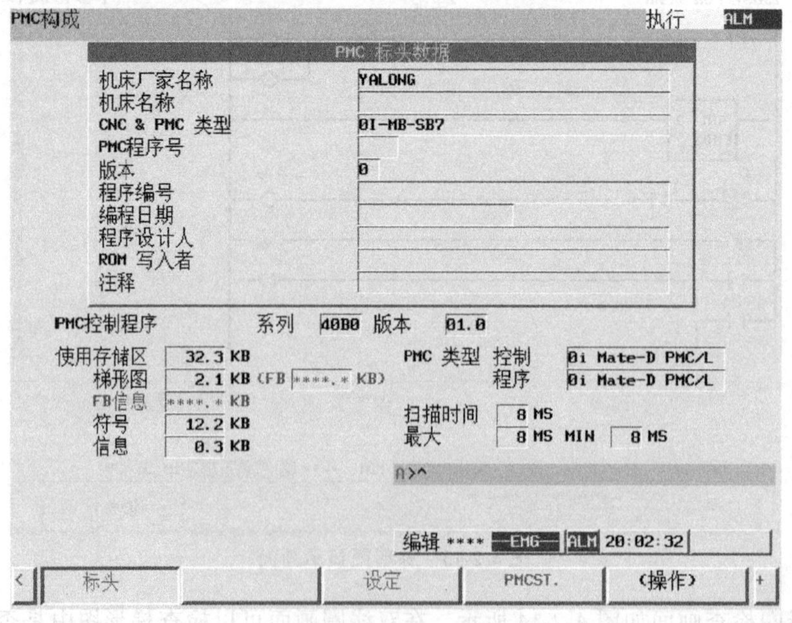

图 4-2-15　标头画面

2）PMC 设定画面显示 PMC 程序中一些设定的内容，如图 4-2-16 所示。

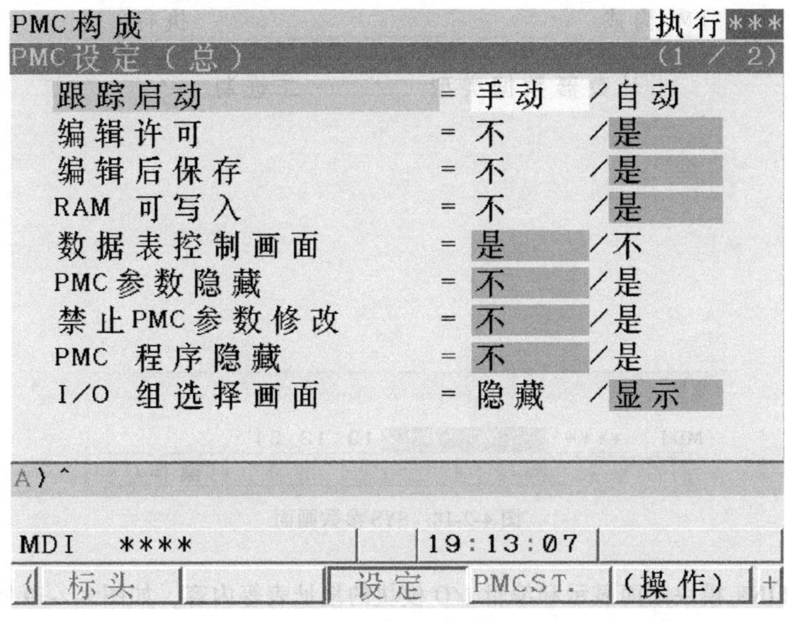

图 4-2-16　PMC 设定画面

3）PMC 状态画面显示 PMC 的状态信息或者是多路径 PMC 的切换，如图 4-2-17 所示。

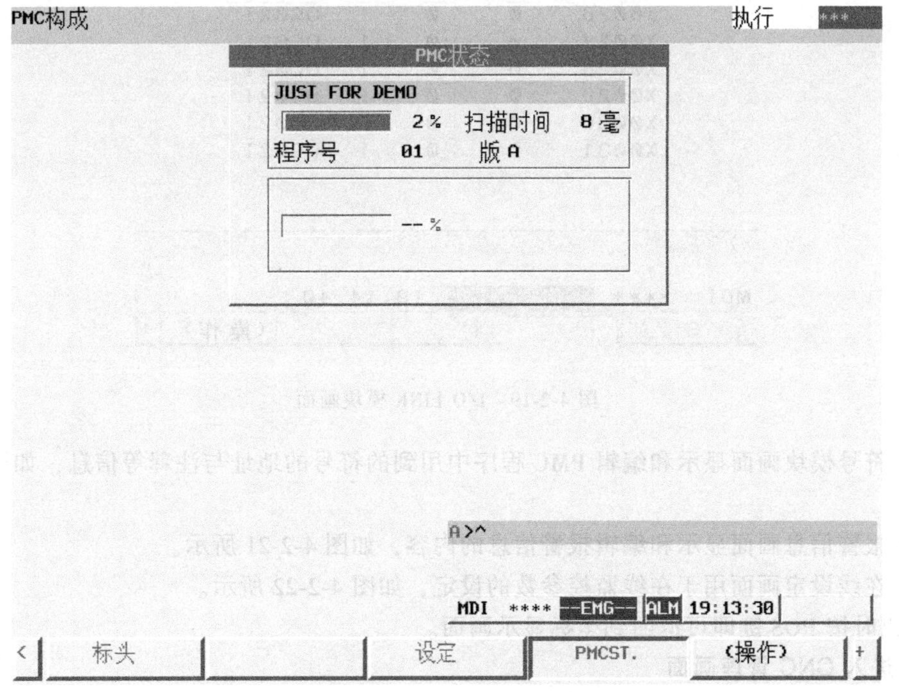

图 4-2-17　PMC 状态画面

4）SYS 参数画面显示和编辑 PMC 的系统参数，如图 4-2-18 所示。

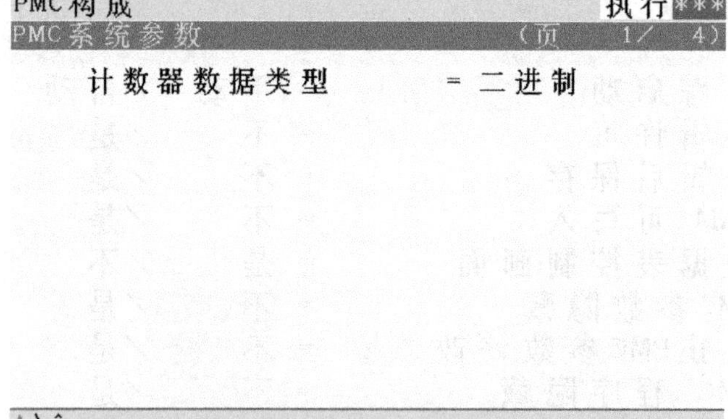

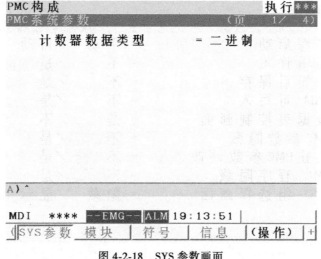

图 4-2-18 SYS 参数画面

5）I/O LINK 模块画面显示和编辑 I/O 模块的地址表等内容，如图 4-2-19 所示。

PMC构成　　执行***

PMC I/O模块一览　　（1/4）通道

地址	组	基板	槽	名称
X0024	0	0	1	OC02I
X0025	0	0	1	OC02I
X0026	0	0	1	OC02I
X0027	0	0	1	OC02I
X0028	0	0	1	OC02I
X0029	0	0	1	OC02I
X0030	0	0	1	OC02I
X0031	0	0	1	OC02I

A）^

MDI **** --EMG-- ALM 19:14:40

SYS参数 | 模块 | 符号 | 信息 | （操作） | +

图 4-2-19 I/O LINK 模块画面

6）符号模块画面显示和编辑 PMC 程序中用到的符号的地址与注释等信息，如图 4-2-20 所示。

7）报警信息画面显示和编辑报警信息的内容，如图 4-2-21 所示。

8）在线设定画面用于在线监控参数的设定，如图 4-2-22 所示。

退出时按 POS 键即可退回到坐标显示画面。

5. 进入 CNC 管理画面

按 PM. MGR 键进入 CNC 管理器画面，如图 4-2-23 所示。

退出时按 POS 键即可退回到坐标显示画面。

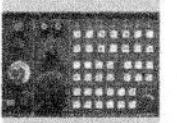

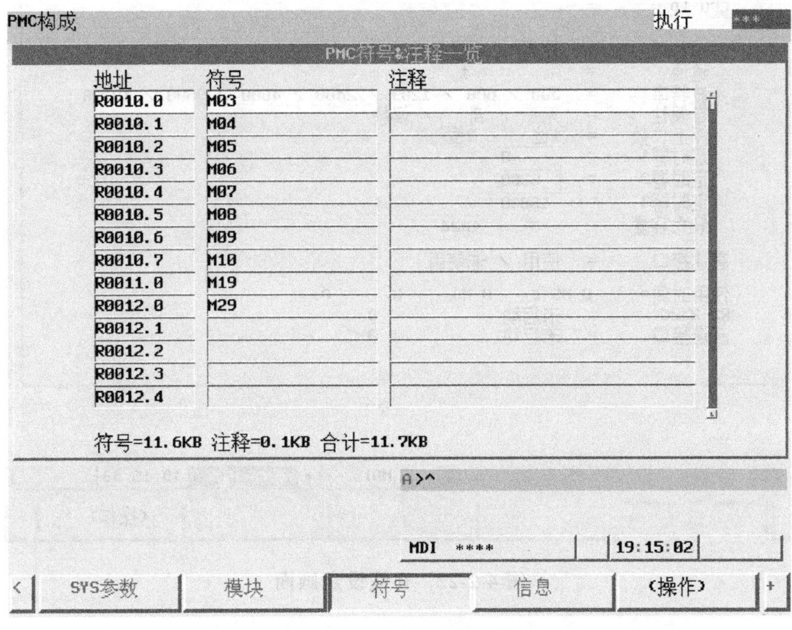
PMC构成 执行

PMC符号&注释一览

地址	符号	注释
R0010.0	M03	
R0010.1	M04	
R0010.2	M05	
R0010.3	M06	
R0010.4	M07	
R0010.5	M08	
R0010.6	M09	
R0010.7	M10	
R0011.0	M19	
R0012.0	M29	
R0012.1		
R0012.2		
R0012.3		
R0012.4		

图 4-2-20 符号模块画面

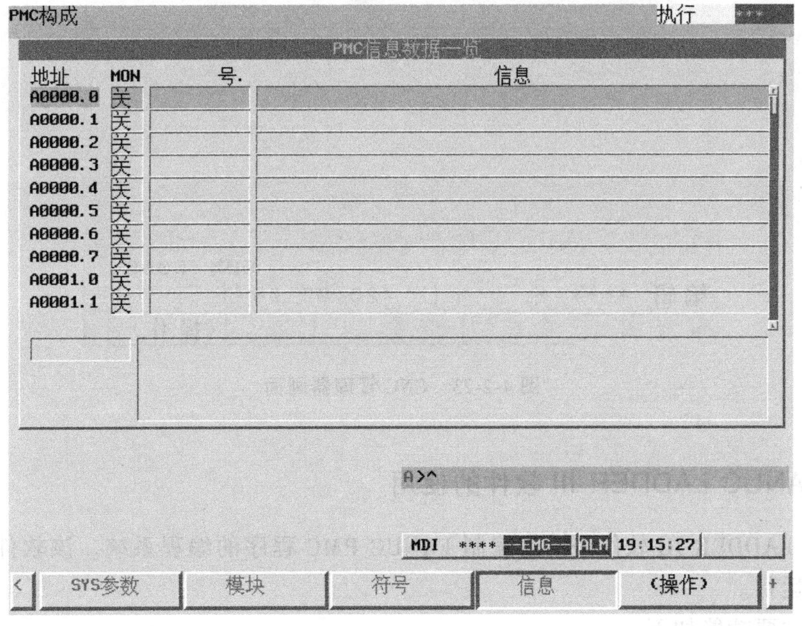

图 4-2-21 报警信息画面

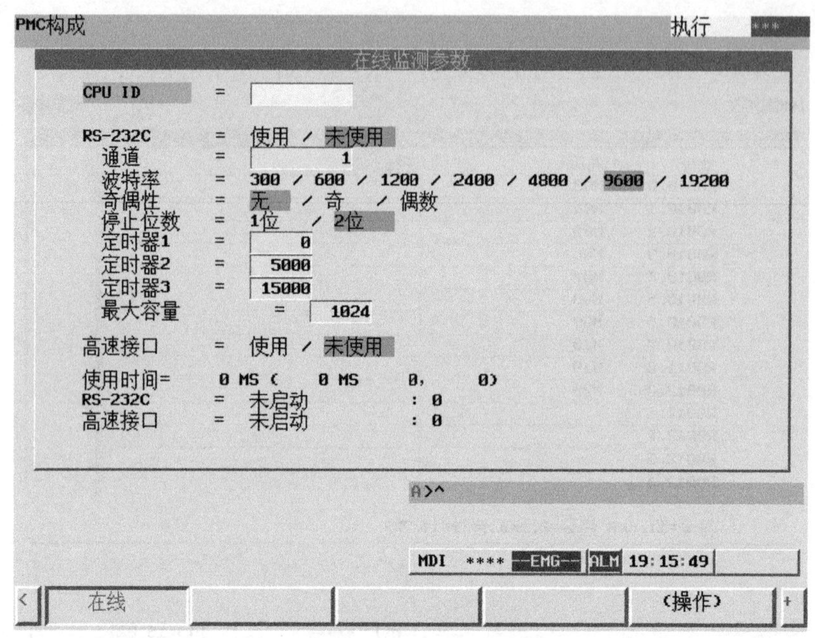

图 4-2-22 在线设定画面

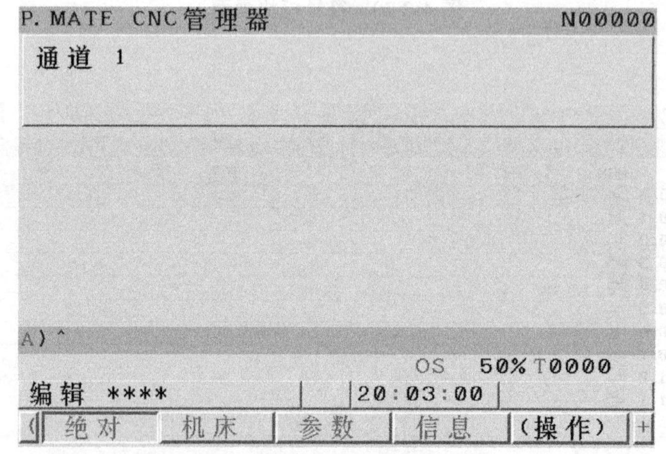

图 4-2-23 CNC 管理器画面

二、FANUC LADDER III 软件的使用

FANUC LADDER III 软件是一套编制 FANUC PMC 程序的编程系统。该软件在 Windows 操作系统下运行。

软件的主要功能如下：

1）输入、编辑、显示、输出程序。

2）监控、调试程序；在线监控梯形图、PMC 状态、显示信号状态、报警信息等。

3）显示并设置 PMC 参数。

4）执行或停止程序运行。

5）将程序传入 PMC 或将程序从 PMC 传出。

6）打印输出 PMC 程序。

1. 软件的安装

以版本 5.7 为例，此版本可以进行 0i D 系列 PMC 的程序编制，安装软件同普通的 Windows 软件基本相同。若是安装 5.7 版本的升级包，在安装的过程中，软件会自动卸载以前的版本后再进行安装。软件安装界面如图 4-2-24 所示。

单击 Setup Start 图标就可以进行安装。

图 4-2-24　软件安装界面

2. PMC 程序的操作

对于一个简单梯形图程序的编制，常经过 PMC 类型的选择、程序编辑、编译等几步完成。完整的程序还包含标头、I/O 地址、注释、报警信息等。

1）PMC 类型的选择。对于 0i D 系列的数控系统 PMC 程序的编辑，一般包含以下步骤，如图 4-2-25、图 4-2-26 和图 4-2-27 所示。

图 4-2-25　步骤 1

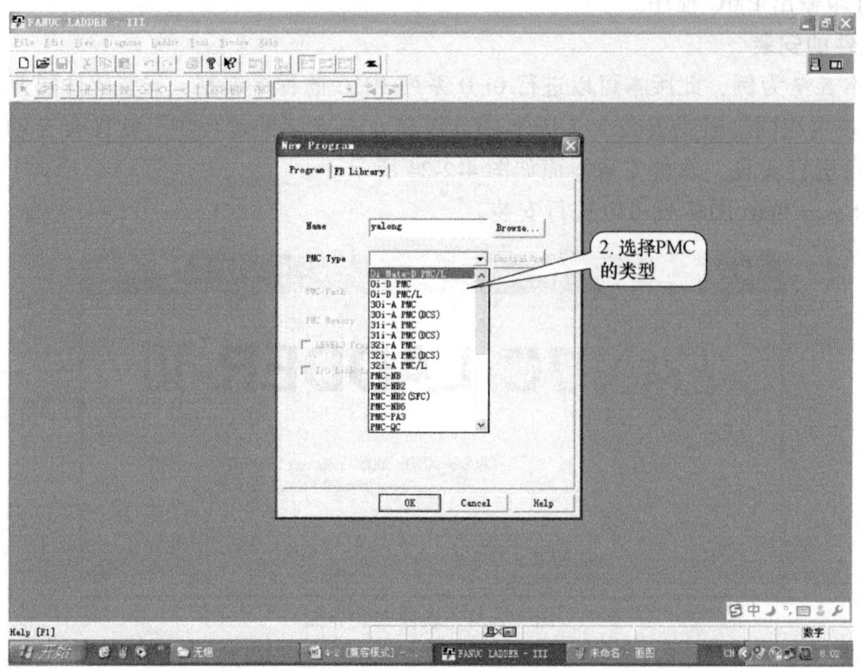

图 4-2-26 步骤 2

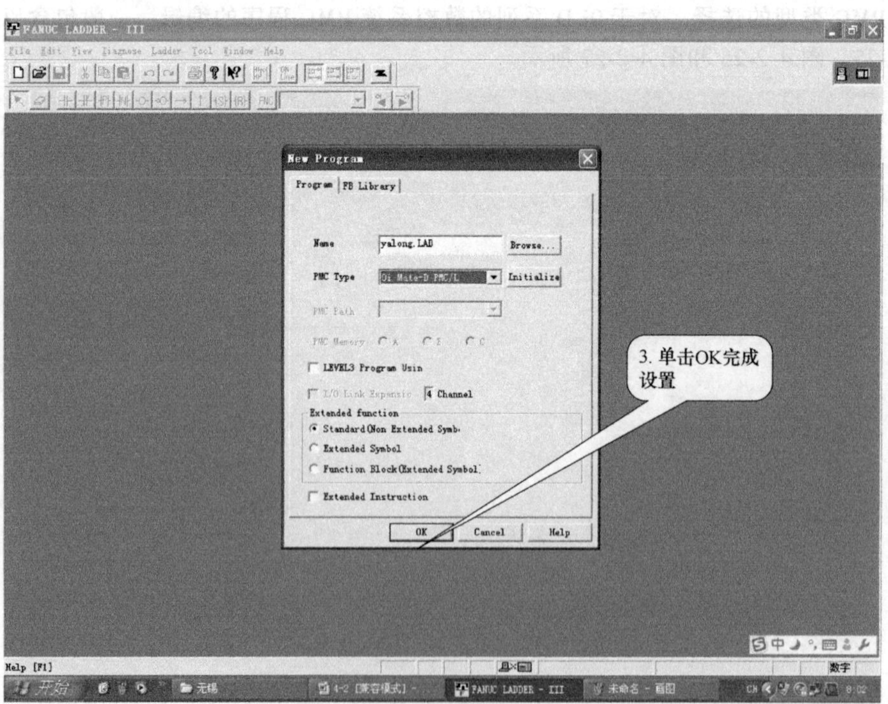

图 4-2-27 步骤 3

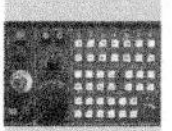

2）在软件编辑区进行软件的编辑，如图 4-2-28～图 4-2-30 所示。

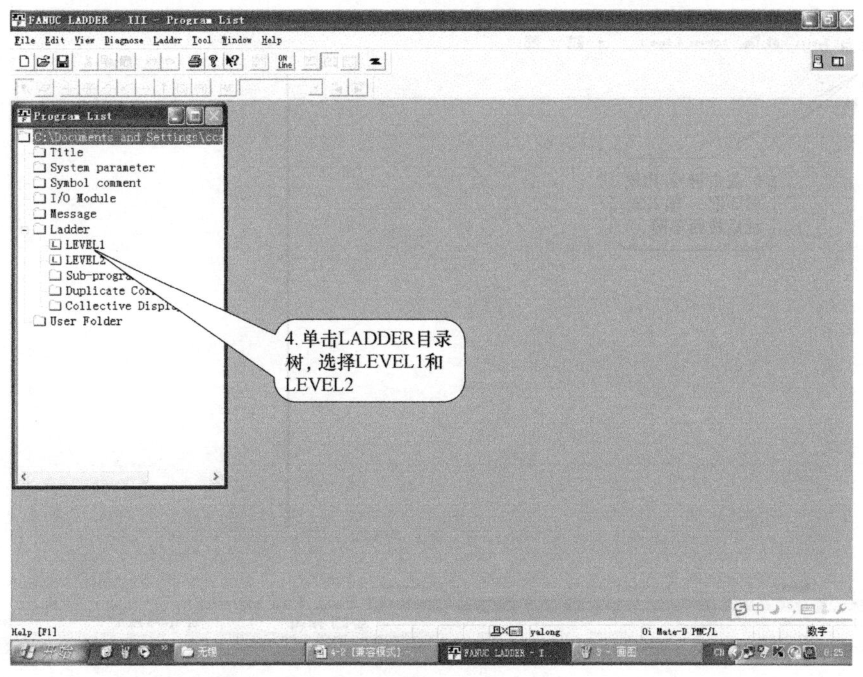

图 4-2-28 步骤 4

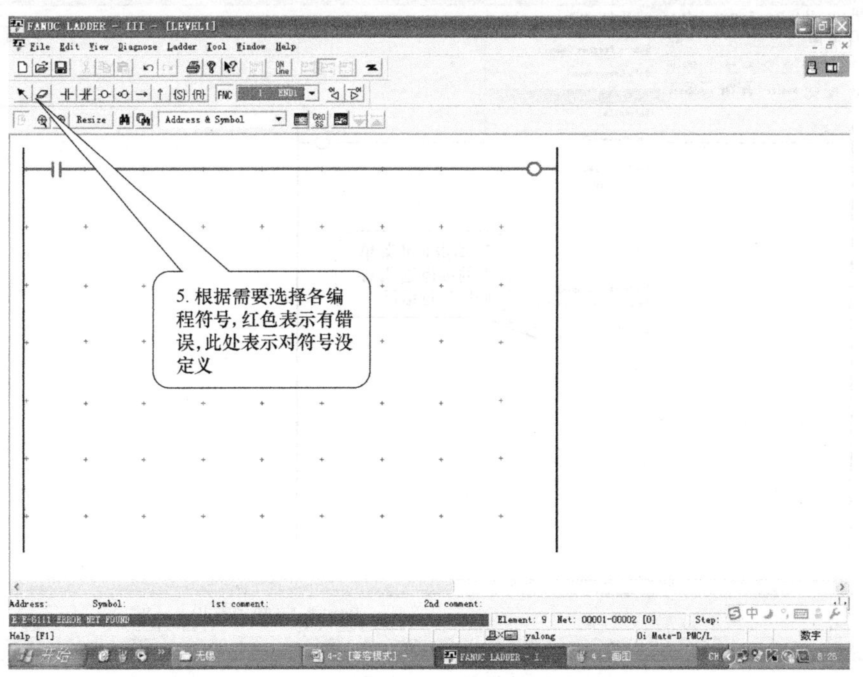

图 4-2-29 步骤 5

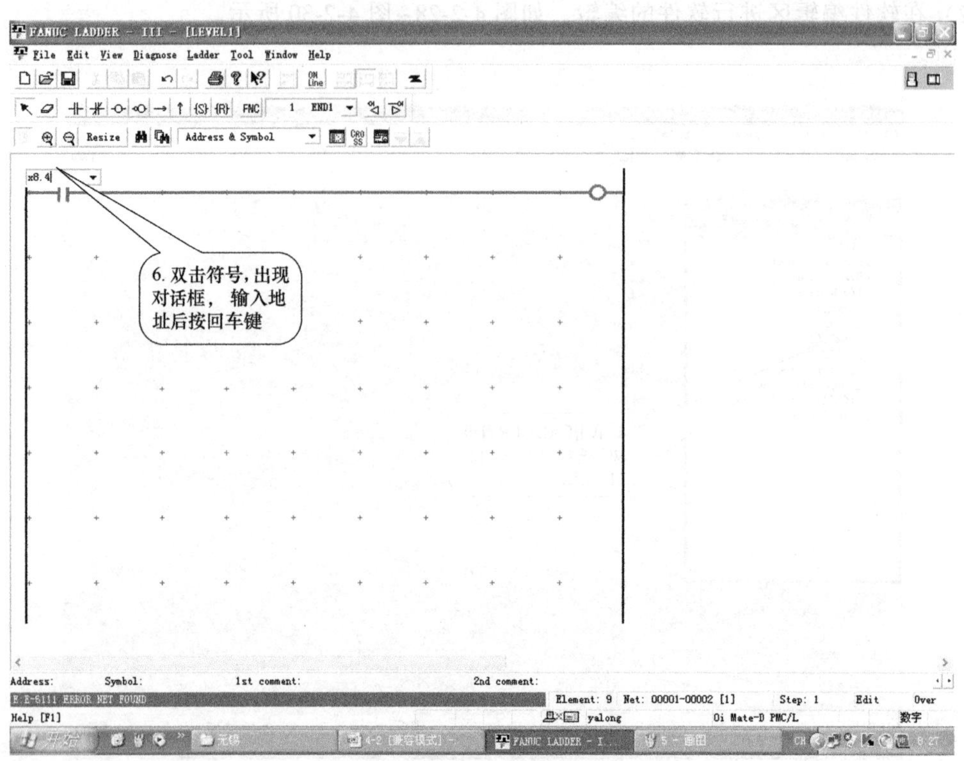

图 4-2-30　步骤 6

3）对编辑的内容进行编译，如图 4-2-31 和图 4-2-32 所示。

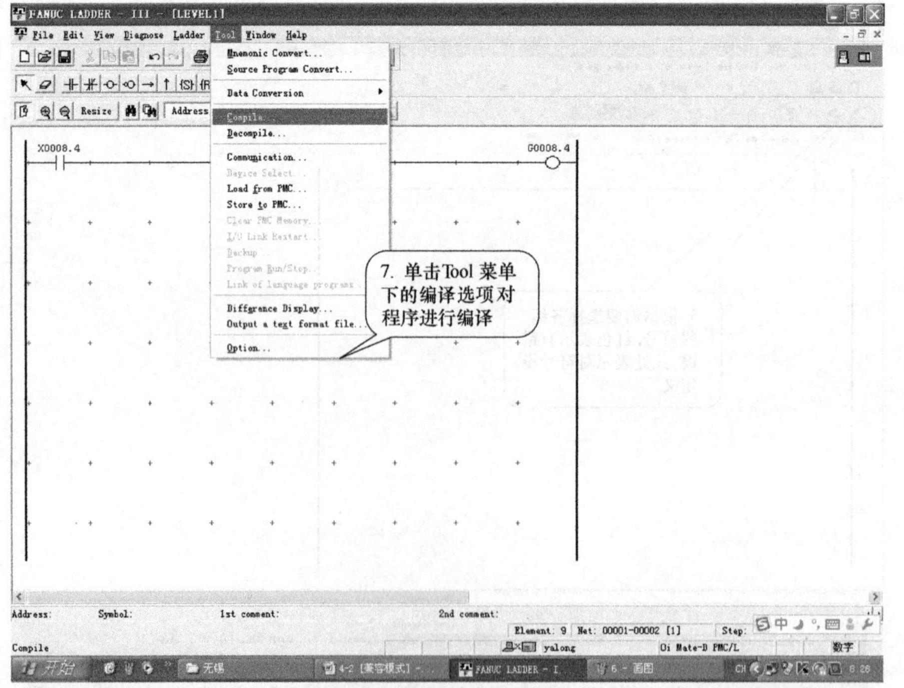

图 4-2-31　步骤 7

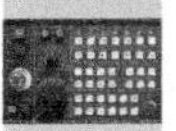

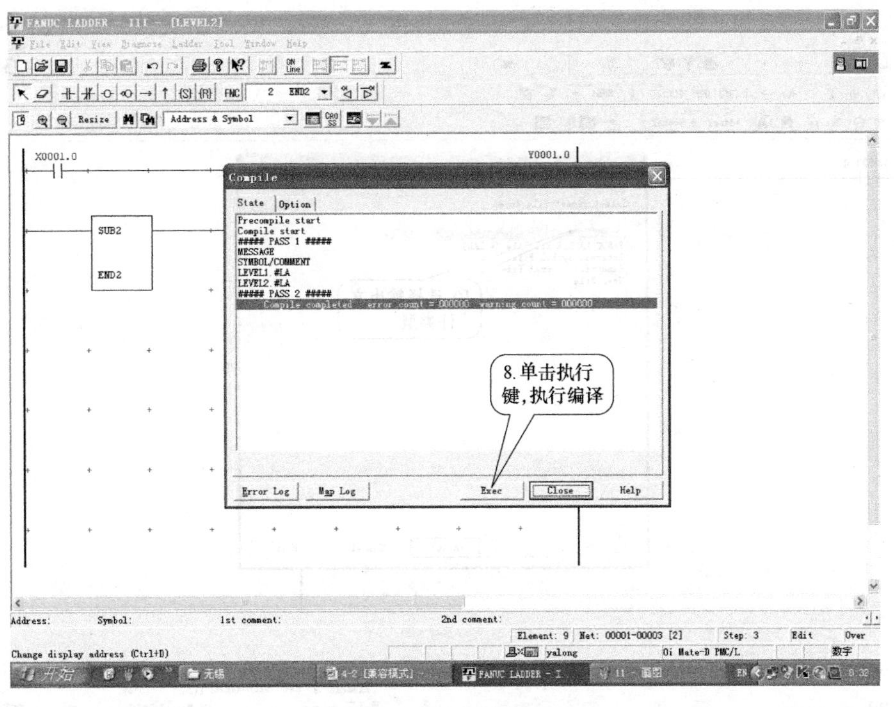

图 4-2-32　步骤 8

4）对编译好的程序进行输出，转化为系统可以识别的文件后，灌入系统，如图 4-2-33、图 4-2-34、图 4-2-35 和图 4-2-36 所示。

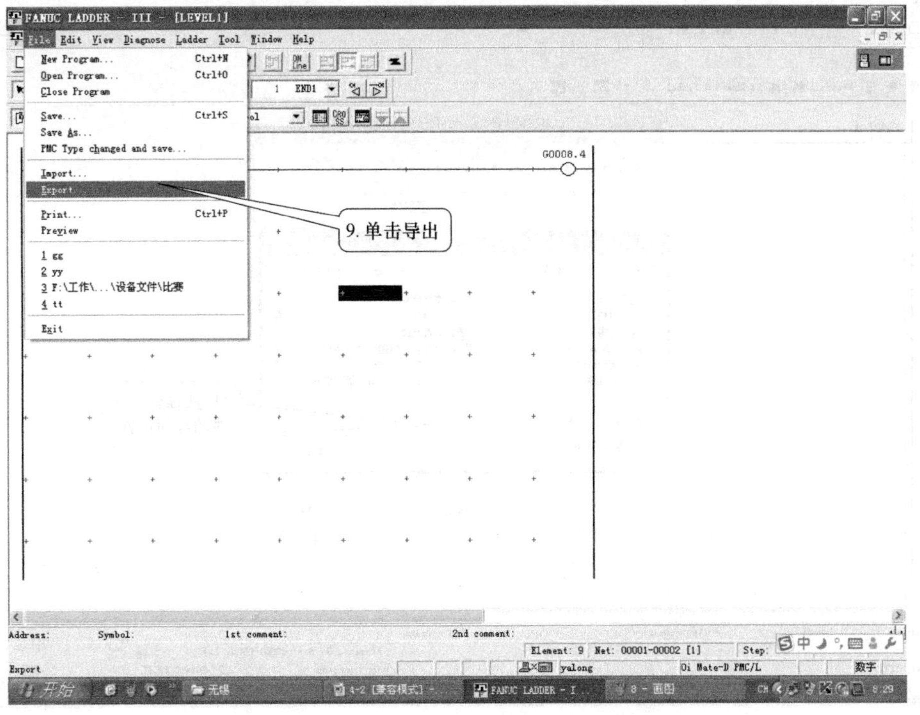

图 4-2-33　步骤 9

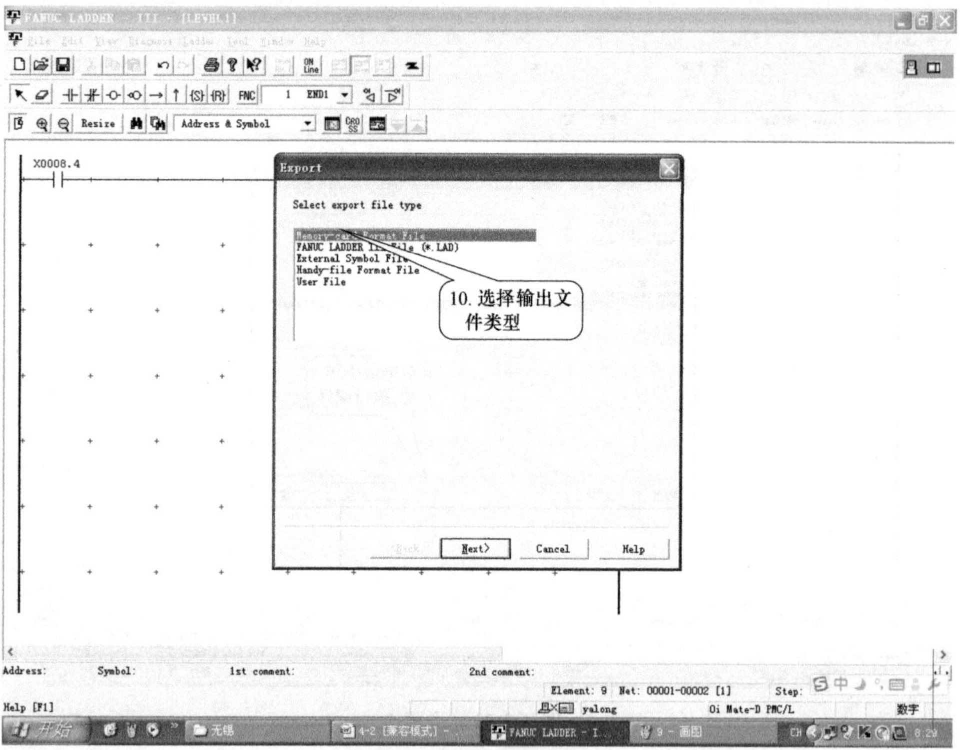

图 4-2-34 步骤 10

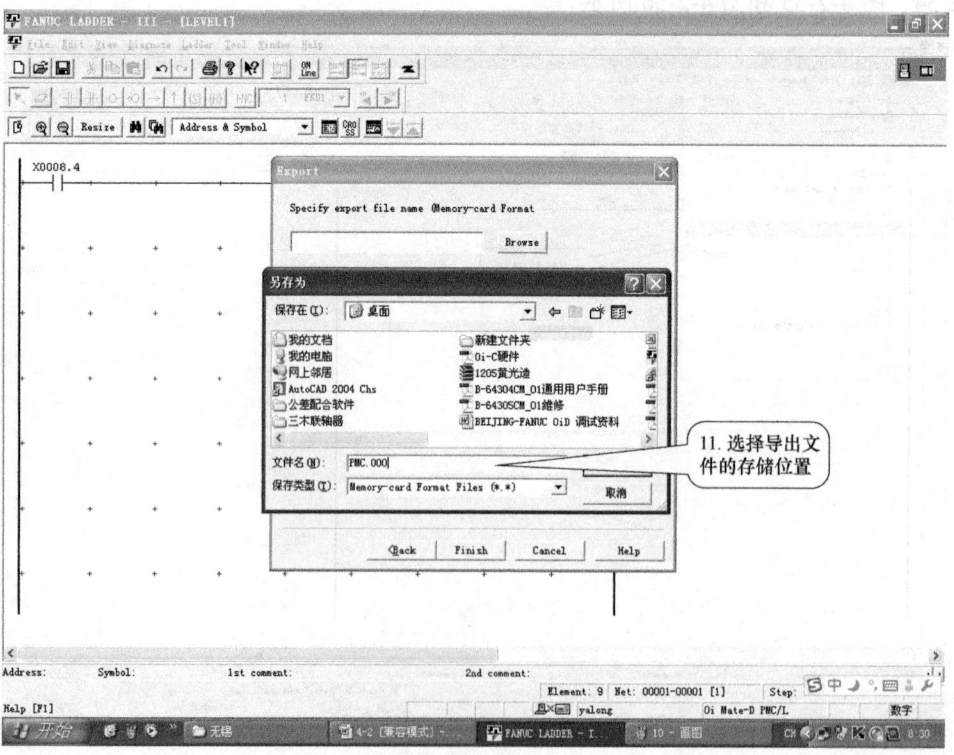

图 4-2-35 步骤 11

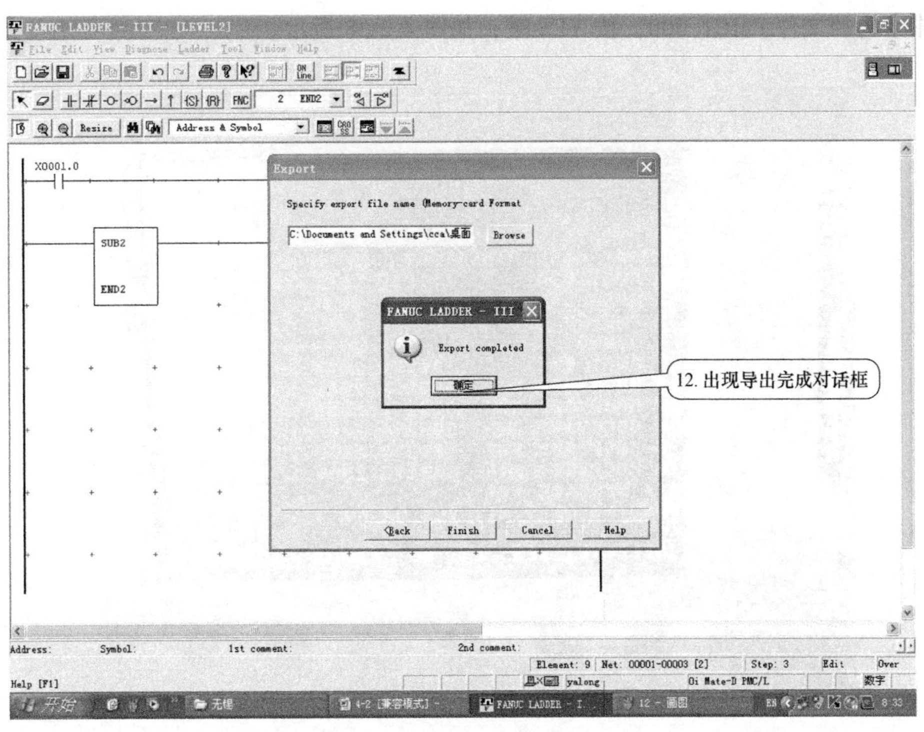

图 4-2-36　步骤 12

5）系统部分的操作。把编译好的文件存入 CF 卡内，在系统左侧的 PCMCIA 插槽内插入 CF 卡，启动系统的同时，需要按住框内的两个键，进入引导画面，选择 2 号选项，按 SELECT 软键，如图 4-2-37 所示。

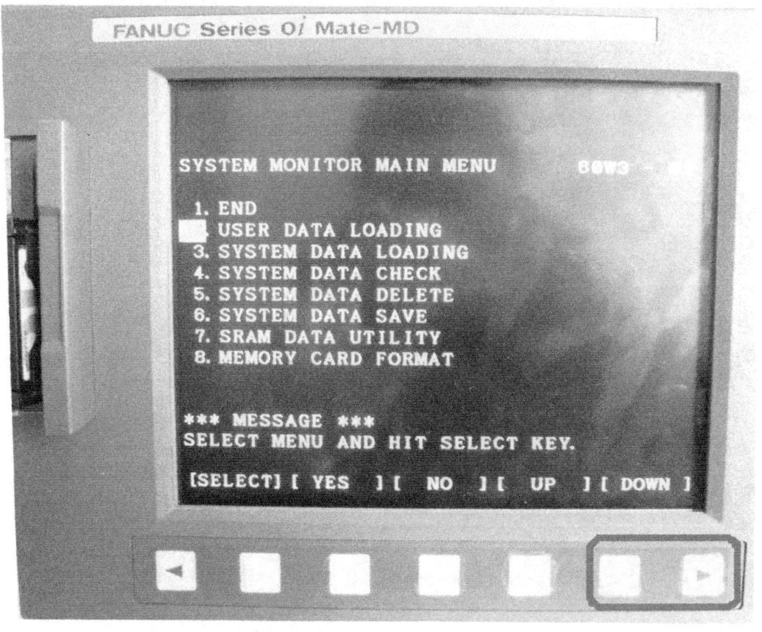

图 4-2-37　引导画面 1

选中卡内的文件 PMC1. 000，按 YES 键，如图 4-2-38 所示。

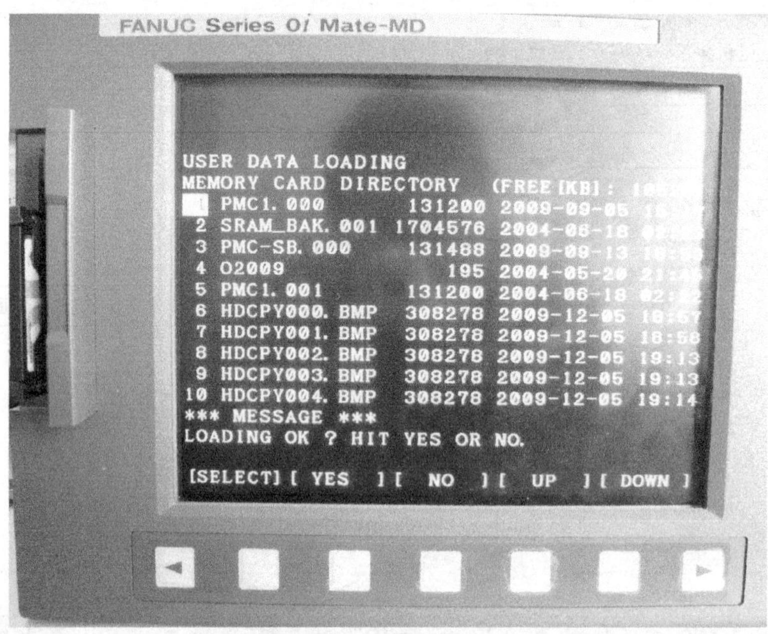

图 4-2-38 引导画面 2

6）把系统内 PMC 程序传入 PCMCIA 卡。若要把系统内的 PMC 文件导入计算机，需先进入引导画面，选择 6 号选项，按 SELECT 键进入，如图 4-2-39 所示。

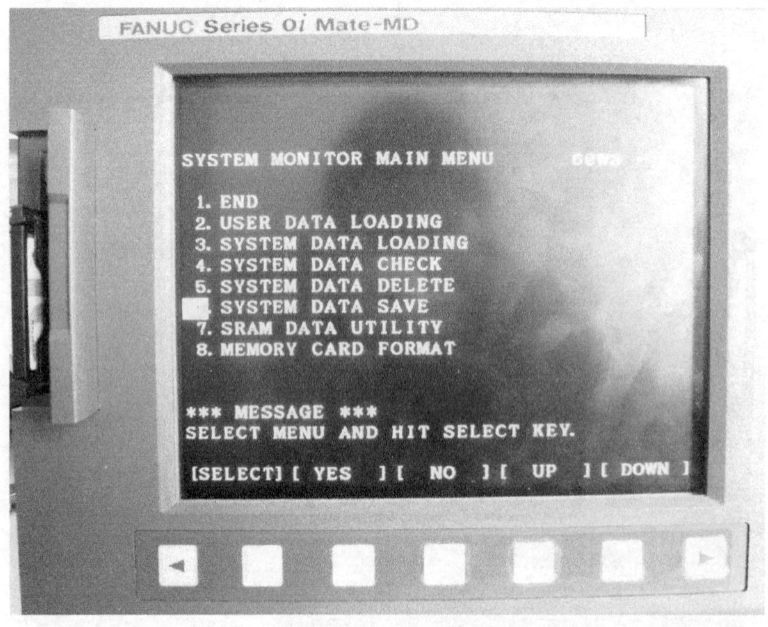

图 4-2-39 引导画面 3

按 PAGE 键进入如图 4-2-40 所示 PMC 程序所在画面，按 SELECT 键选中 PMC 程序进行数据备份。

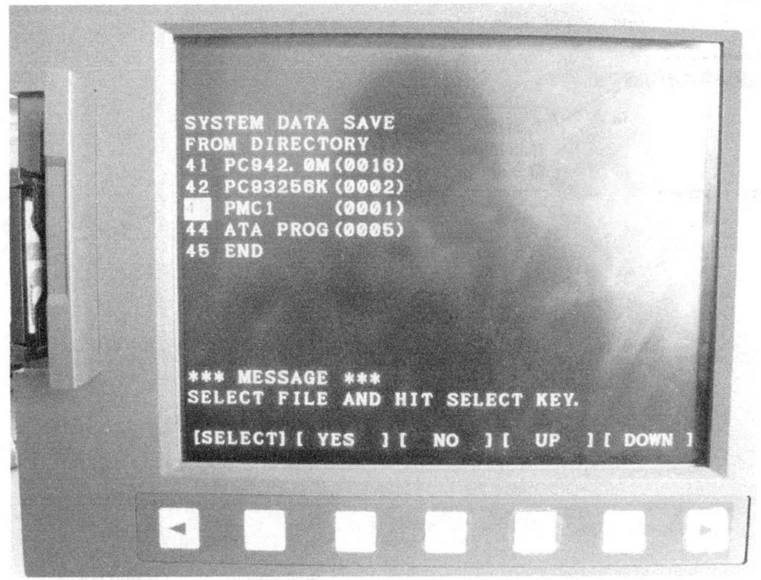

图 4-2-40　引导画面 4

按 YES 键完成 PMC 文件的导出，完成时，出现图 4-2-41 所示画面。

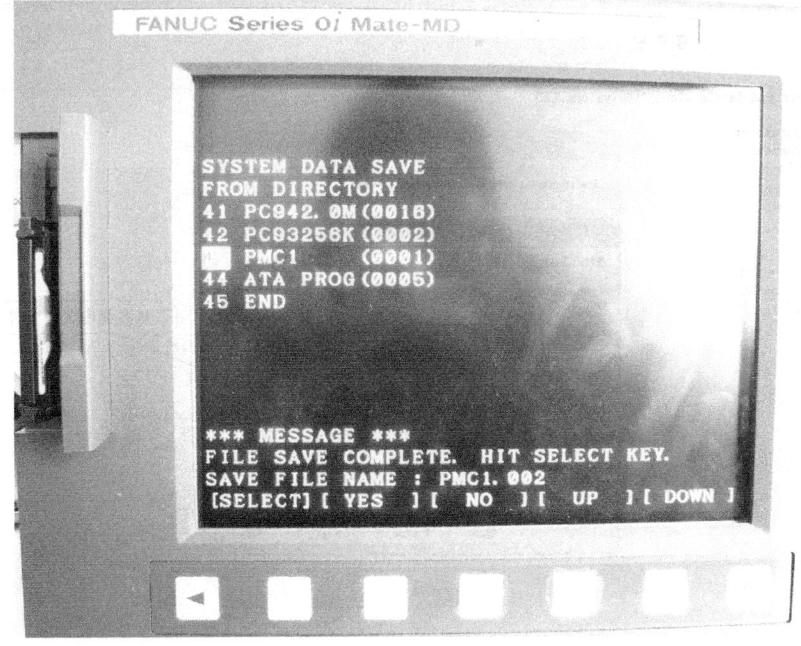

图 4-2-41　引导画面 5

7）在软件中打开系统中的 PMC 文件，如图 4-2-42、图 4-2-43、图 4-2-44 和图 4-2-45 所示。

图 4-2-42 步骤 1

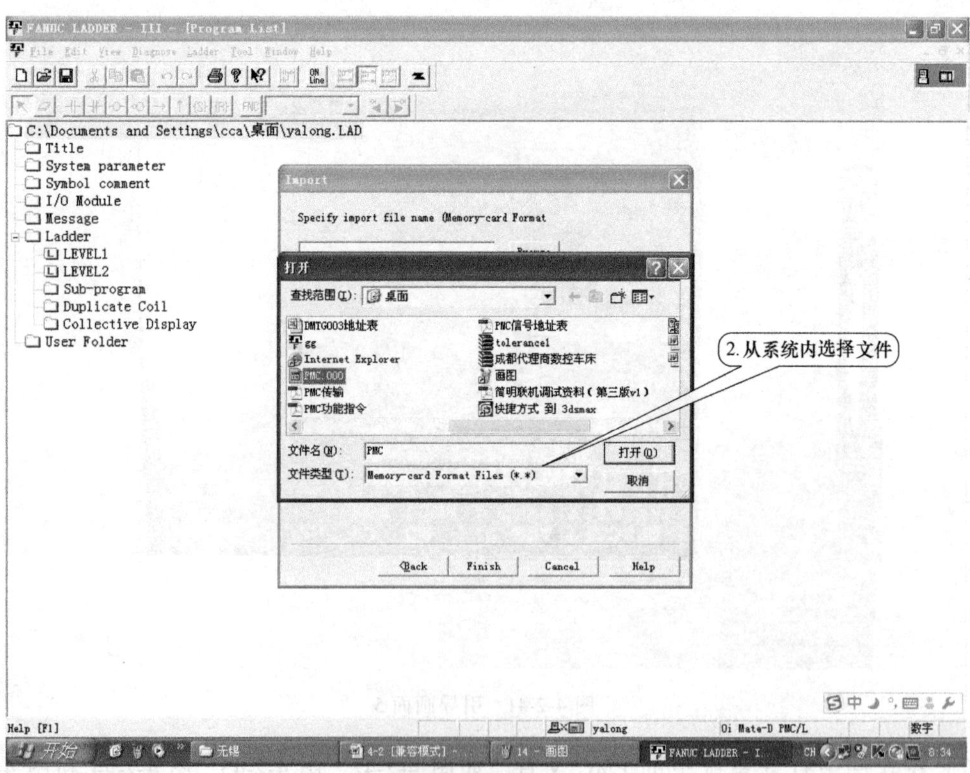

图 4-2-43 步骤 2

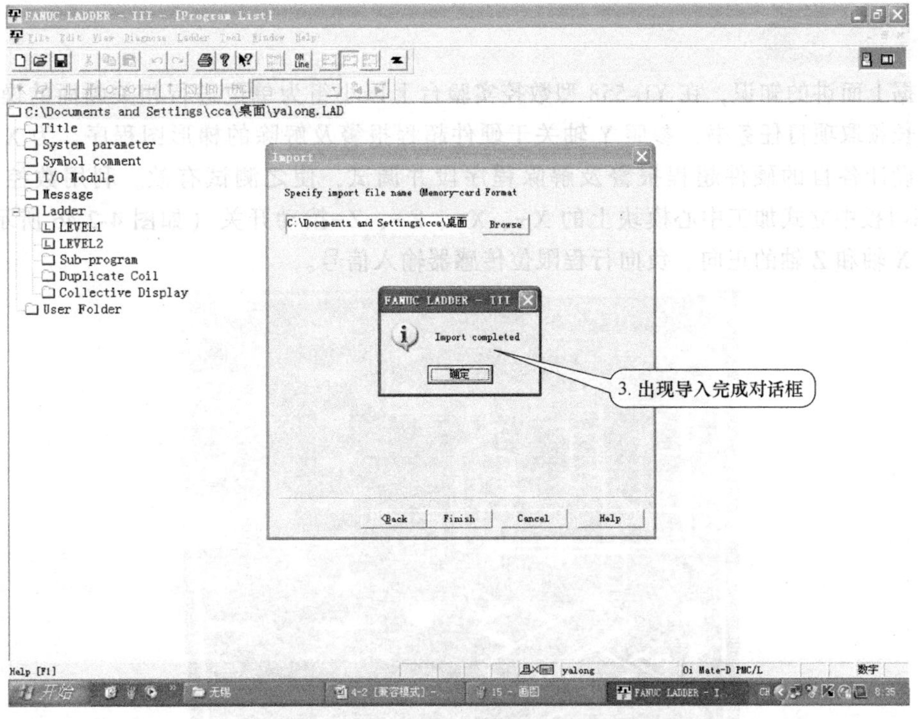

图 4-2-44　步骤 3

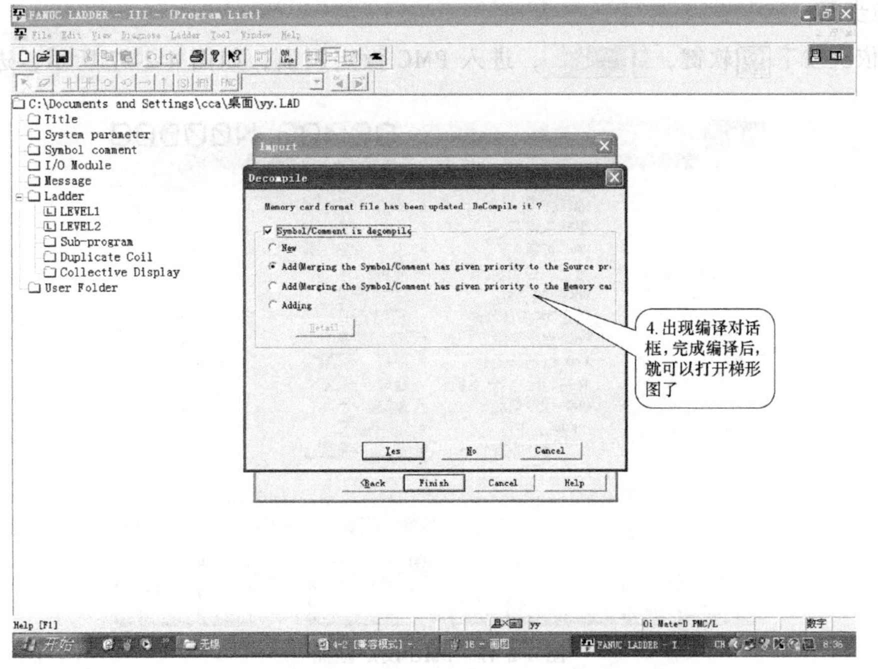

图 4-2-45　步骤 4

任务实施

根据上面讲的知识，在 YL-558 型数控实验台上以小组为单位进行相关画面的操作。各小组组长领取项目任务书，参照 Y 轴关于硬件超程报警及解除的梯形图程序，为 X 轴和 Z 轴模拟设计各自的硬件超程报警及解除程序段并调试，使之测试有效。利用数控实验台 PMC 练习板中立式加工中心模块上的 X+、X−、Z+、Z−拨动开关（如图 4-2-46 所示），分别模拟 X 轴和 Z 轴的正向、负向行程限位传感器输入信号。

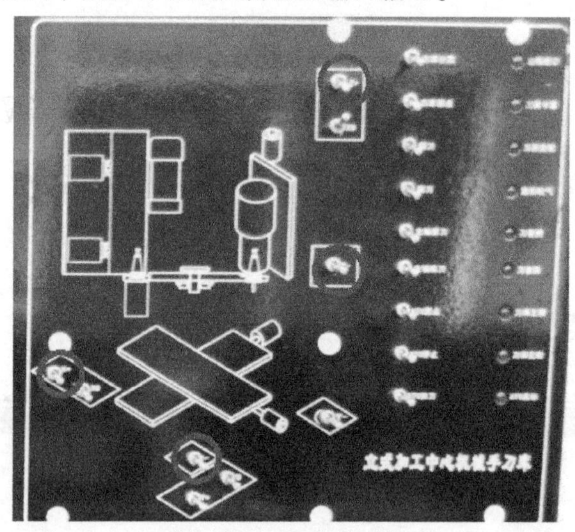

图 4-2-46 PMC 练习板

实施步骤：

1）依次按下 SYSTEM 软键，PMC配置 设定，进入 PMC 设定画面，如图 4-2-47 所示，进行 PMC 设定。

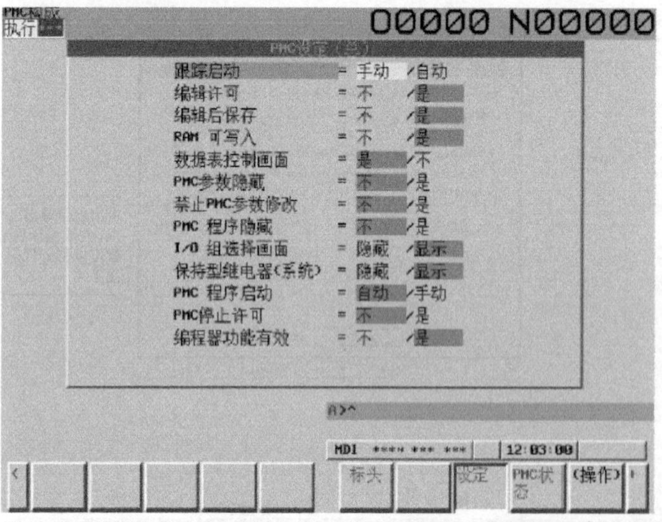

图 4-2-47 PMC 设定画面

2）确定 X+、X−、Z+、Z−拨动开关的 PMC 输入信号地址。

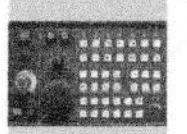

根据图 4-2-48，查看立式加工中心模块上的信号输出扁平电缆连接到 I/O 单元模块的哪一个接口（CB104、CB105、CB106、CB107），确定为 CB107 接口（包含输入信号 Xm+7、Xm+10、Xm+11）。

CB104 HIROSE 50PIN

	A	B
01	0V	+24V
02	Xm+0.0	Xm+0.1
03	Xm+0.2	Xm+0.3
04	Xm+0.4	Xm+0.5
05	Xm+0.6	Xm+0.7
06	Xm+1.0	Xm+1.1
07	Xm+1.2	Xm+1.3
08	Xm+1.4	Xm+1.5
09	Xm+1.6	Xm+1.7
10	Xm+2.0	Xm+2.1
11	Xm+2.2	Xm+2.3
12	Xm+2.4	Xm+2.5
13	Xm+2.6	Xm+2.7
14		
15		
16	Yn+0.0	Yn+0.1
17	Yn+0.2	Yn+0.3
18	Yn+0.4	Yn+0.5
19	Yn+0.6	Yn+0.7
20	Yn+1.0	Yn+1.1
21	Yn+1.2	Yn+1.3
22	Yn+1.4	Yn+1.5
23	Yn+1.6	Yn+1.7
24	DOCOM	DOCOM
25	DOCOM	DOCOM

CB105 HIROSE 50PIN

	A	B
01	0V	+24V
02	Xm+3.0	Xm+3.1
03	Xm+3.2	Xm+3.3
04	Xm+3.4	Xm+3.5
05	Xm+3.6	Xm+3.7
06	Xm+8.0	Xm+8.1
07	Xm+8.2	Xm+8.3
08	Xm+8.4	Xm+8.5
09	Xm+8.6	Xm+8.7
10	Xm+9.0	Xm+9.1
11	Xm+9.2	Xm+9.3
12	Xm+9.4	Xm+9.5
13	Xm+9.6	Xm+9.7
14		
15		
16	Yn+2.0	Yn+2.1
17	Yn+2.2	Yn+2.3
18	Yn+2.4	Yn+2.5
19	Yn+2.6	Yn+2.7
20	Yn+3.0	Yn+3.1
21	Yn+3.2	Yn+3.3
22	Yn+3.4	Yn+3.5
23	Yn+3.6	Yn+3.7
24	DOCOM	DOCOM
25	DOCOM	DOCOM

CB106 HIROSE 50PIN

	A	B
01	0V	+24V
02	Xm+4.0	Xm+4.1
03	Xm+4.2	Xm+4.3
04	Xm+4.4	Xm+4.5
05	Xm+4.6	Xm+4.7
06	Xm+5.0	Xm+5.1
07	Xm+5.2	Xm+5.3
08	Xm+5.4	Xm+5.5
09	Xm+5.6	Xm+5.7
10	Xm+6.0	Xm+6.1
11	Xm+6.2	Xm+6.3
12	Xm+6.4	Xm+6.5
13	Xm+6.6	Xm+6.7
14	COM4	
15		
16	Yn+4.0	Yn+4.1
17	Yn+4.2	Yn+4.3
18	Yn+4.4	Yn+4.5
19	Yn+4.6	Yn+4.7
20	Yn+5.0	Yn+5.1
21	Yn+5.2	Yn+5.3
22	Yn+5.4	Yn+5.5
23	Yn+5.6	Yn+5.7
24	DOCOM	DOCOM
25	DOCOM	DOCOM

CB107 HIROSE 50PIN

	A	B
01	0V	+24V
02	Xm+7.0	Xm+7.1
03	Xm+7.2	Xm+7.3
04	Xm+7.4	Xm+7.5
05	Xm+7.6	Xm+7.7
06	Xm+10.0	Xm+10.1
07	Xm+10.2	Xm+10.3
08	Xm+10.4	Xm+10.5
09	Xm+10.6	Xm+10.7
10	Xm+11.0	Xm+11.1
11	Xm+11.2	Xm+11.3
12	Xm+11.4	Xm+11.5
13	Xm+11.6	Xm+11.7
14		
15		
16	Yn+6.0	Yn+6.1
17	Yn+6.2	Yn+6.3
18	Yn+6.4	Yn+6.5
19	Yn+6.6	Yn+6.7
20	Yn+7.0	Yn+7.1
21	Yn+7.2	Yn+7.3
22	Yn+7.4	Yn+7.5
23	Yn+7.6	Yn+7.7
24	DOCOM	DOCOM
25	DOCOM	DOCOM

图 4-2-48　I/O 单元模块信号点分布

依次按下[SYSTEM]软键，[PMC配置][PMC配置][模块]，进入 I/O LINK 地址设定画面（图 4-2-49），查看 I/O

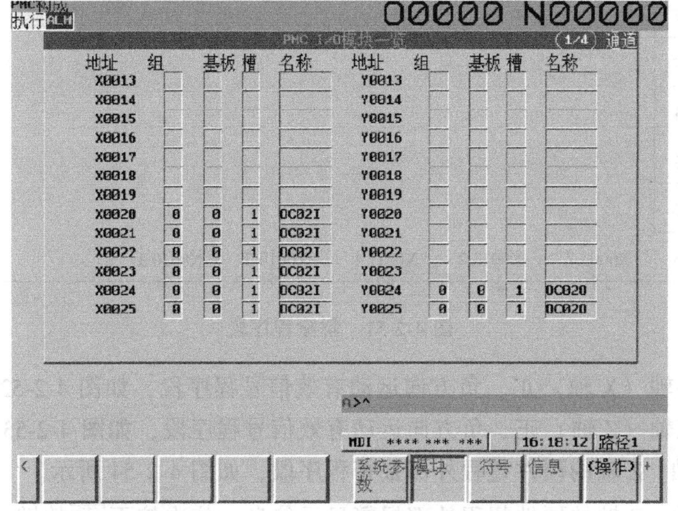

图 4-2-49　I/O LINK 地址设定画面

单元模块（第 0 组为 FANUC 标准操作面板，第 1 组为 I/O 单元模块）所分配的输入地址首地址，此时确定首地址 m=0。

依次按下 SYSTEM 软键，PMC维护 信号状态，进入信号诊断显示画面，如图 4-2-50 所示。结合之前步骤中确定的输入信号接口 CB107，主要在 X7、X10、X11 这几种信号状态中，诊断出 X+、X−、Z+、Z−拨动开关的对应 PMC 输入地址。最后确定为 X+：X10.7；X−：X11.4；Z+：X10.3；Z−：X10.5。

PMC维护
执行
O0000 N00000
PMC 信号状态

地址	7	6	5	4	3	2	1	0	16进
				*ESP.K					
X0008	0	0	0	1	0	0	0	0	10
X0009	0	0	0	0	0	0	0	0	00
X0010	0	0	0	0	0	0	0	0	00
X0011	0	0	0	0	0	0	0	0	00
X0012	0	0	0	0	0	0	0	0	00
X0013	0	0	0	0	0	0	0	0	00

X0008.4 : *ESP.K (*ESP.KEY)

A>^

MDI **** *** *** | 14:15:43

信号状态 | I/O LNK | PMC报警 | I/O | (操作)

图 4-2-50 PMC 信号诊断画面

3）修改硬件超程解除有效程序段，如图 4-2-51 所示。

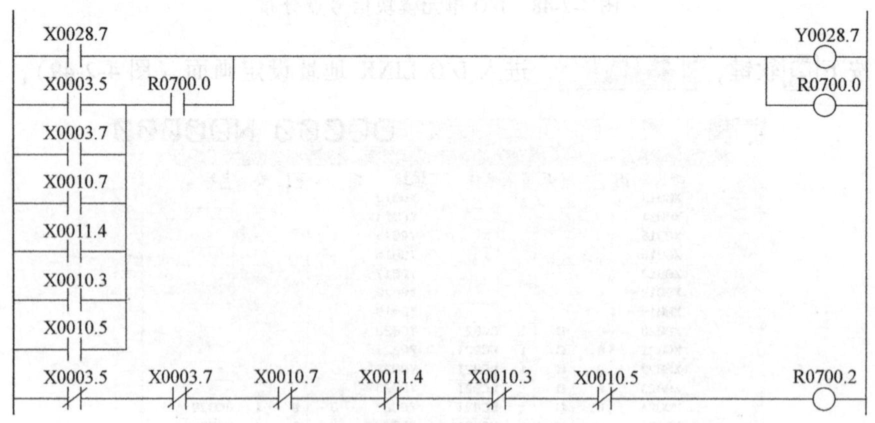

图 4-2-51 解除程序段

4）修改第一轴（X 轴）正、负方向运动有效信号程序段，如图 4-2-52 所示。

5）修改第三轴（Z 轴）正、负方向运动有效信号程序段，如图 4-2-53 所示。

6）编辑 X 轴、Z 轴的硬件超程外部报警程序段，如图 4-2-54 所示。

7）编辑 X 轴、Z 轴的硬件超程外部报警显示信息，依次按下 SYSTEM 软键，PMC配置 信息，进入

MJ AXIS_1 +.K R0700.2 +J1
MINC R0700.0 X0010.7
X.K ZPX K0010.1 MREF
+J1
MJ AXIS_1 −.K R0700.2 −J1
MINC R0700.0 X0011.4
X.K ZPX K0010.1 MREF
−J1

图 4-2-52　X 轴修改程序段

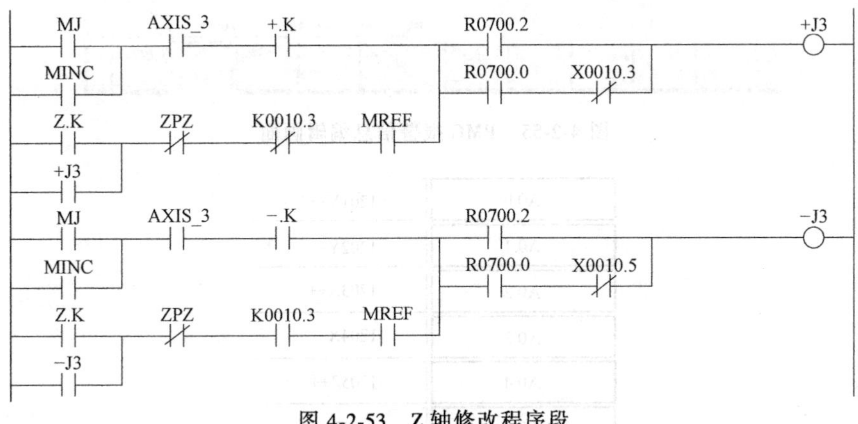

图 4-2-53　Z 轴修改程序段

X0003.7 A0000.0
X0003.5 A0000.1
X0010.7 A0000.2
X0011.4 A0000.3
X0010.3 A0000.4
X0010.5 A0000.5

图 4-2-54　超程报警程序段

PMC 外部报警显示画面，如图 4-2-55 所示。

在此页面，编辑外部报警显示信息如图 4-2-56 所示。

当 X 轴发生正向硬件超程时，LCD 显示屏即显示 1203 X++外部报警信息；当 X 轴发生负向硬件超程时，LCD 显示屏即显示 1204 X--外部报警信息。

当 Z 轴发生正向硬件超程时，LCD 显示屏即显示 1205 Z++外部报警信息；当 Z 轴发生负向硬件超程时，LCD 显示屏即显示 1206 Z--外部报警信息。

根据上面讲的知识，在数控实验台上进行相关画面的操作。

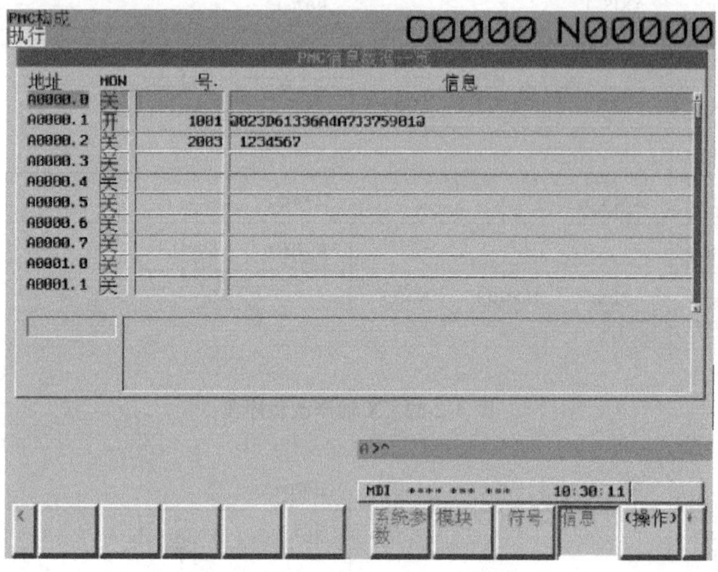

图 4-2-55 PMC 报警信息编辑画面

A0.0	1201Y++
A0.1	1202Y−−
A0.2	1203X++
A0.3	1204X−−
A0.4	1205Z++
A0.5	1206Z−−

图 4-2-56 外部报警显示信息

任务评价

填写任务评价表见表 4-2-1。

表 4-2-1 任务评价表

产品类型	所连接实验台规格
系统型号	
PMC 模块类型	
任务评价结果	
PMC 画面的操作	
LADDER Ⅲ 软件的操作	

思考题

在 LADDER 软件中完成一个自锁的程序，用 PMC 练习板进行检测后，查看其状态是否正确。

项目五　常见机床操作面板的PMC编程

项目描述

利用PMC编程，不仅可以控制数控机床的主轴正反转与起停、工件的夹紧与松开、刀具更换、切削液开关等辅助工作控制，还可以实现主轴的PMC控制、附加轴的PMC控制等功能。本项目主要是介绍基本的PMC编程，并利用PMC程序控制数控机床的方式选择、轴进给控制。

项目重点

1. 了解PMC信号的作用。
2. 掌握常用的PMC编程思路。
3. 能够编写数控机床方式选择和主轴进给的PMC程序。

任务一　数控机床的方式选择

任务目标

1. 了解数控机床方式选择的PMC信号。
2. 掌握PMC程序常用的两种方式选择。

相关知识

一、数控机床方式选择的地址

方式选择信号是由MD1、MD2、MD4的三个编码信号组合而成的，可以实现程序编辑（EDIT）、存储器运行（MEM）、手动数据输入（MDI）、手轮/增量进给（HANDLE/INC）、手动连续进给（JOG）、手轮示教（THND）、手动连续示教（TJOG）。此外，存储器运行与DNC1信号结合起来可选择DNC运行方式。手动连续进给方式与ZRN信号的组合，可选择手动返回参考点方式。

方式选择的输入信号为MD1（G43.0）、MD2（G43.1）、MD4（G43.2）、DNC1（G43.5）、ZRN（G43.7），见表5-1-1。

对于方式选择的输出信号是F3和F4.6，见表5-1-2。

表 5-1-1 方式选择的输入信号

序号	方 式	信号状态				
		MD4	MD2	MD1	DNC1	ZRN
1	编辑(EDIT)	0	1	1	0	0
2	存储器运行(MEM)	0	0	1	0	0
3	手动数据输入(MDI)	0	0	0	0	0
4	手轮/增量进给(HANDLE/INC)	1	0	0	0	0
5	手动连续进给(JOG)	1	0	1	0	0
6	手轮示教(TEACH IN HANDLE)(THND)	1	1	1	0	0
7	手动连续示教(TEACH IN JOG)(TJOG)	1	1	0	0	0
8	DNC 运行(RMT)	0	0	1	1	0
9	手动返回参考点(REF)	1	0	1	0	1

表 5-1-2 方式选择的输出信号

方 式		输入信号					输出信号
		MD4	MD2	MD1	DNC1	ZRN	
自动运行	手动数据输入(MDI)(MDI 运行)	0	0	0	0	0	MMDI<F003#3>
	存储器运行(MEM)	0	0	1	0	0	MMEM<F003#5>
	DNC 运行(RMT)	0	0	1	1	0	MRMT<F003#6>
编辑(EDIT)		0	1	1	0	0	MEDT<F003#6>
手动操作	手轮/增量进给(HANDLE/INC)	1	0	0	0	0	MH<F003#1>
	手动连续进给(JOG)	1	0	1	0	0	MJ<F003#2>
	手动返回参考点(REF)	1	0	1	0	1	MREF<F004#5>
	手轮示教(TEACH IN HANDLE)(THND)	1	1	0	0	0	MTCHIN<F003#7> MJ<F003#2>
	手动连续示教(TEACH IN JOG)(TJOG)	1	1	1	0	0	MTCHIN<F003#7> MH<F003#1>

二、数控机床方式选择的常见电路

对于数控机床的常见硬件结构，常规的可以分为按键式切换与回转式触点切换（也称为波段开关方式）。图 5-1-1 为波段开关方式切换的面板，图 5-1-2 为按键式切换的面板。

三、两种方式的 PMC 程序

1. 波段开关方式选择 PMC 程序

图 5-1-3 所示的 PMC 程序是最常用的方式选择程序，通过波段开关信号触发 R100，再把 R100 作为二进制译码指令的输入，译码指令的输出为 R101，进行组合触发相关的 G43 地址，从而完成相关的方式选择。

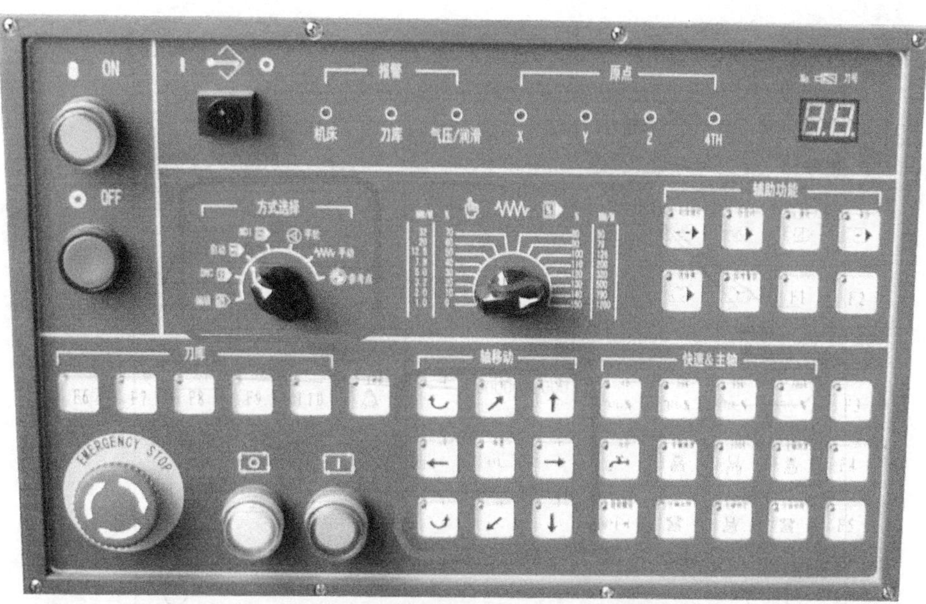

图 5-1-1　波段开关方式切换的面板

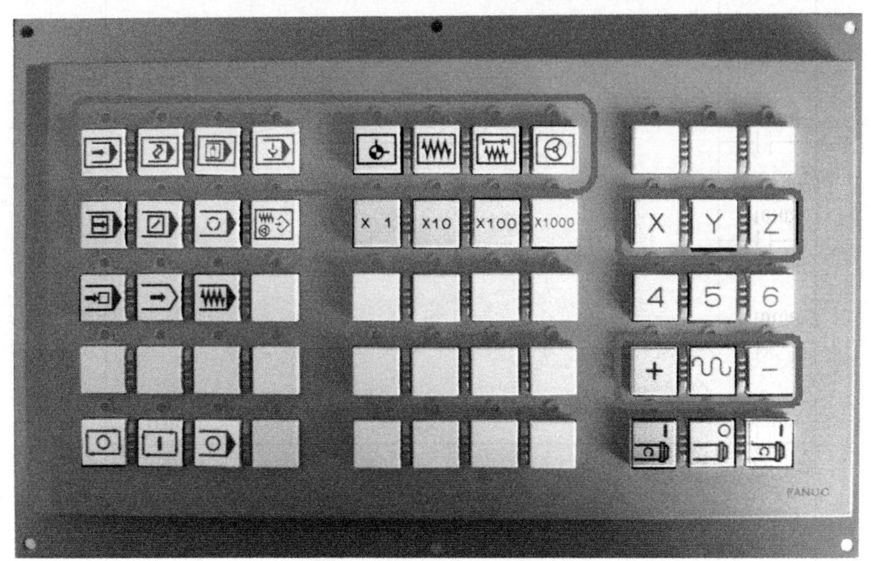

图 5-1-2　按键式切换的面板

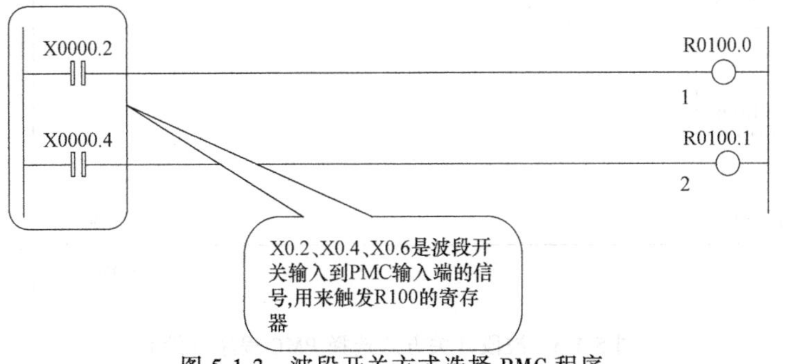

图 5-1-3　波段开关方式选择 PMC 程序

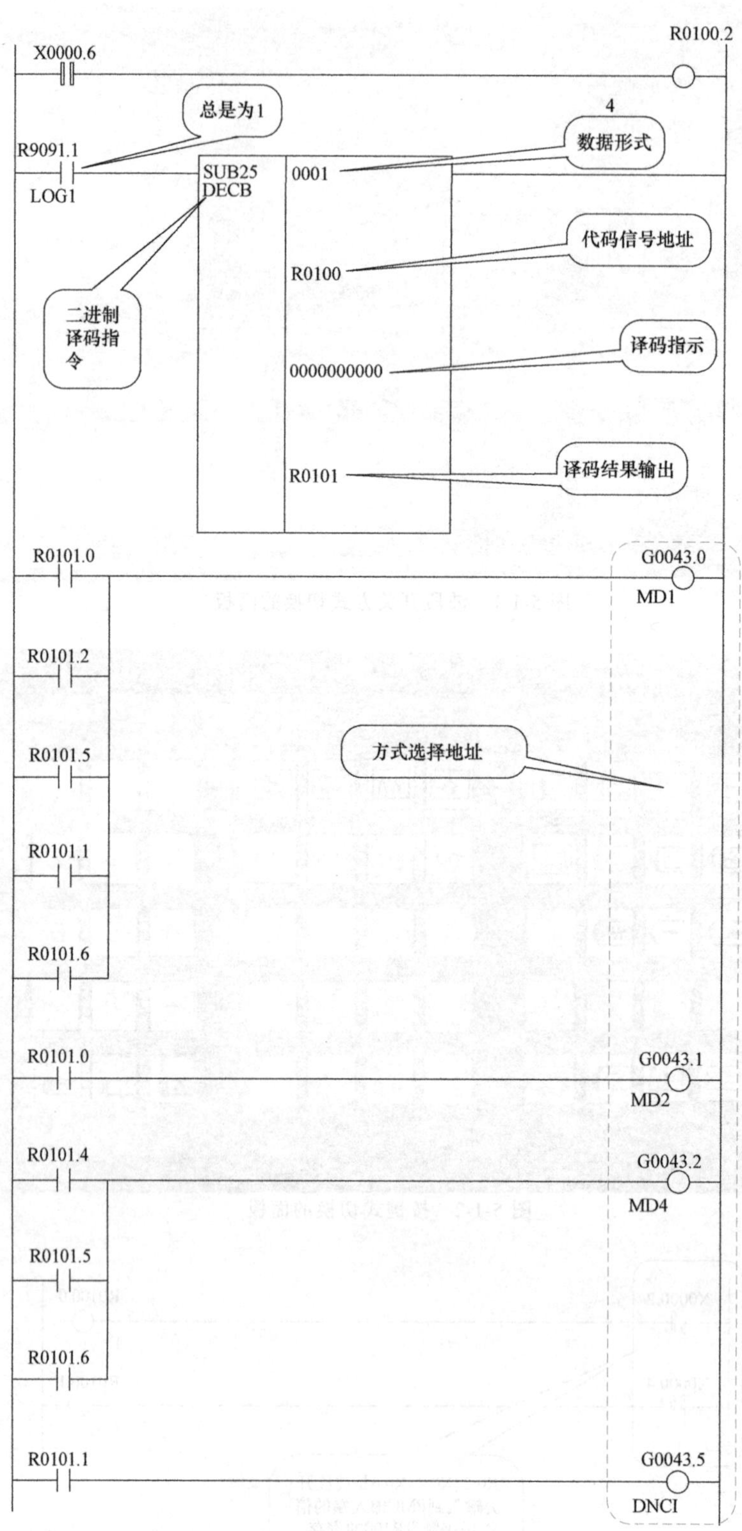

图 5-1-3 波段开关方式选择 PMC 程序（续）

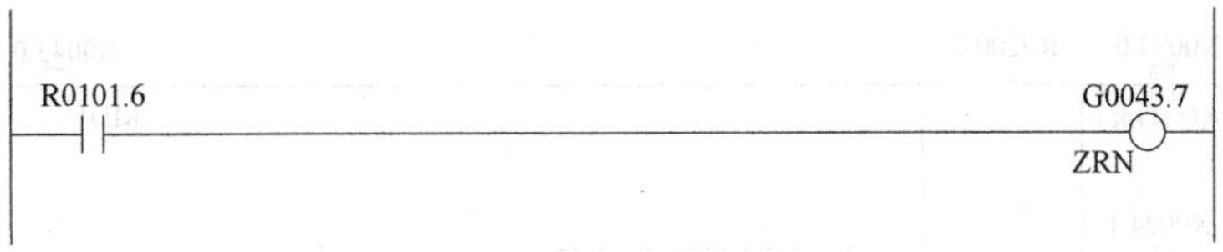

R0101.6 G0043.7 ZRN

图 5-1-3　波段开关方式选择 PMC 程序（续）

2. 按键方式选择 PMC 程序

按键方式选择 PMC 程序如图 5-1-4 所示。

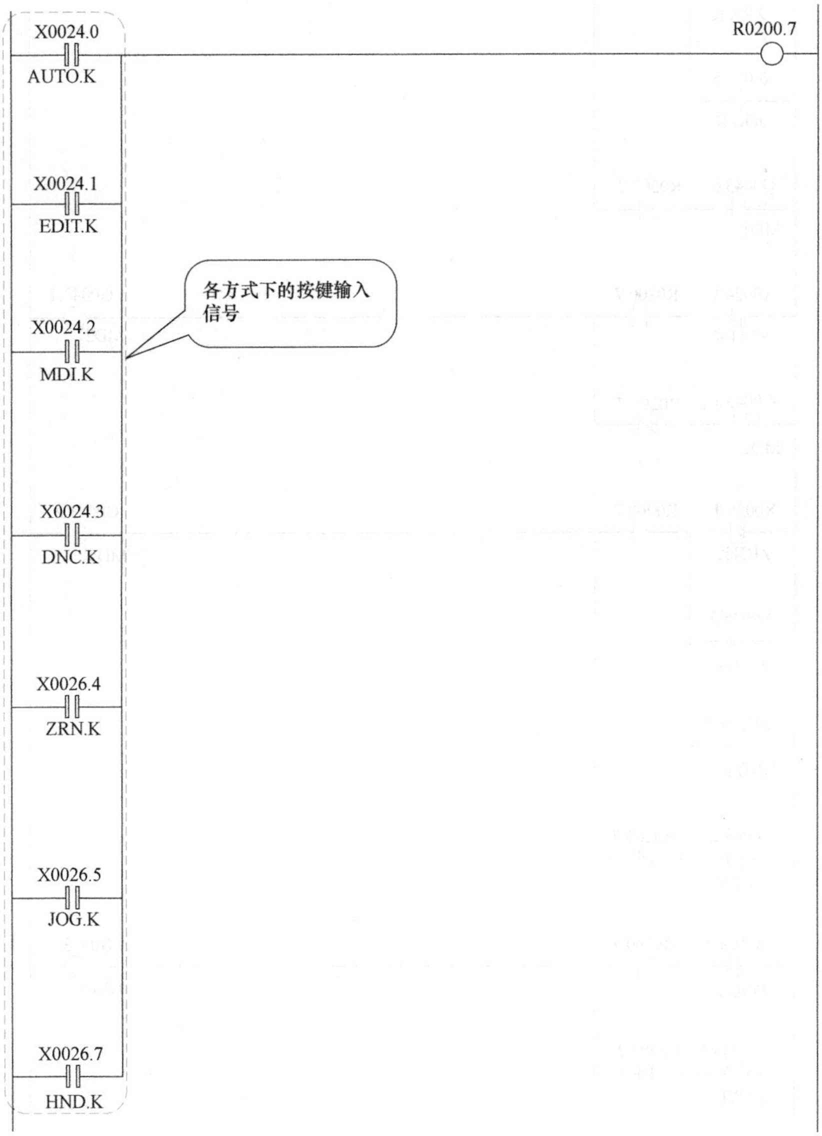

X0024.0 AUTO.K
X0024.1 EDIT.K
X0024.2 MDI.K
X0024.3 DNC.K
X0026.4 ZRN.K
X0026.5 JOG.K
X0026.7 HND.K
R0200.7
各方式下的按键输入信号

图 5-1-4　按键方式选择 PMC 程序

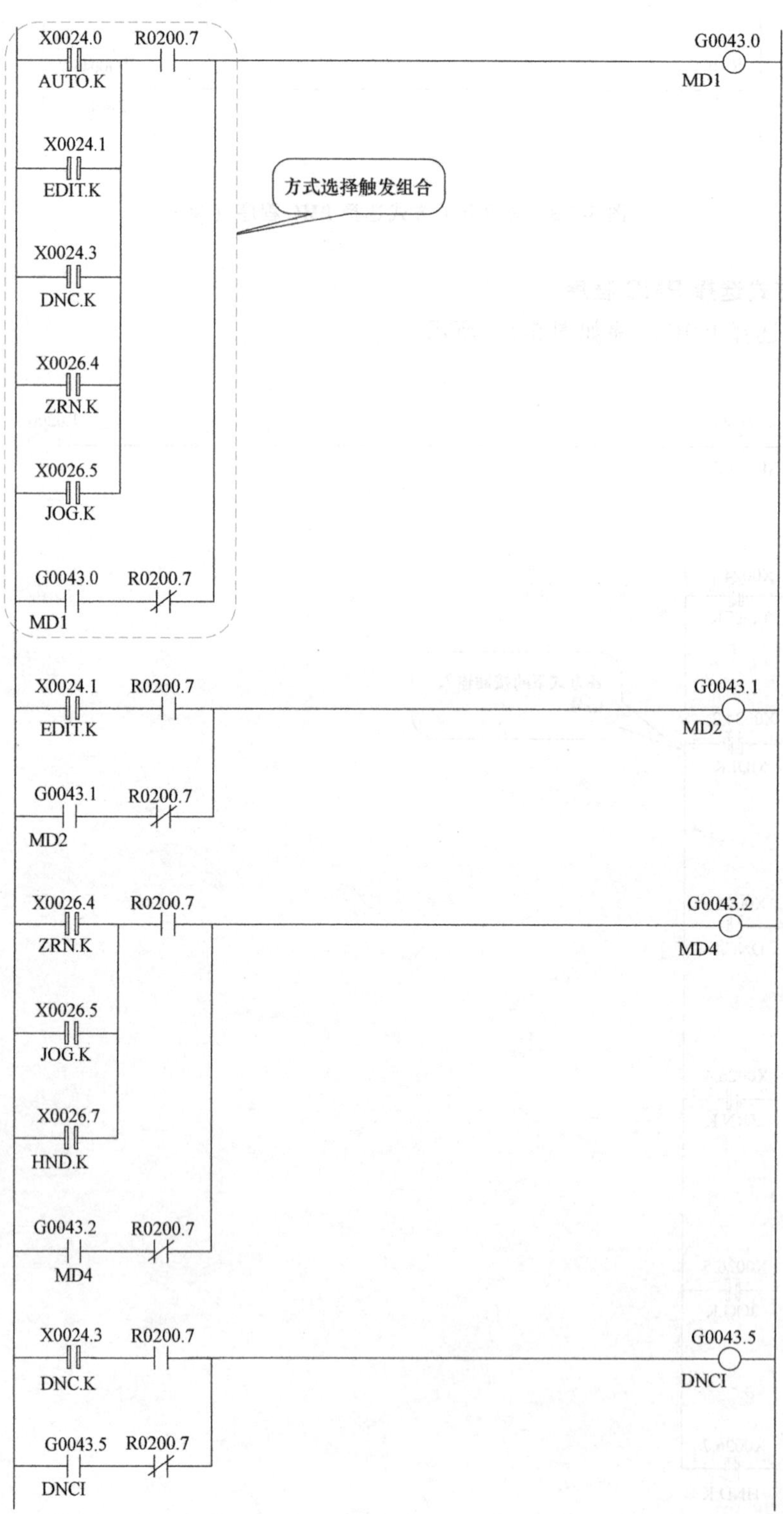

图 5-1-4 按键方式选择 PMC 程序（续）

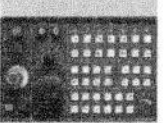

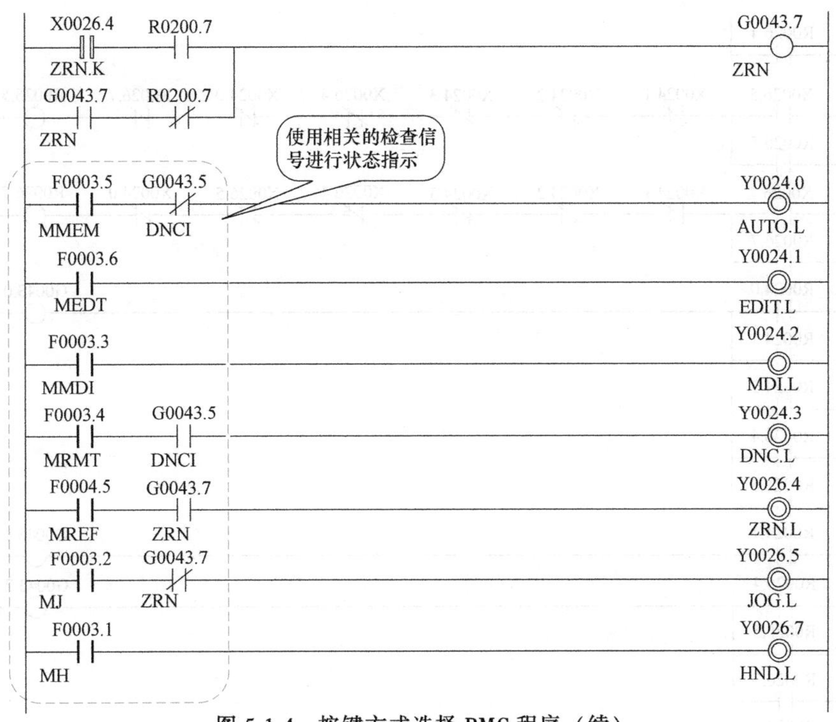

图 5-1-4　按键方式选择 PMC 程序（续）

任务实施

1）根据上面讲的知识，在实验台的两种不同的操作面板中练习完成上述两种方式的 PMC 程序设计。

2）请用不同的编程方法，分别为按键式和波段开关式的操作面板设计工作方式选择的 PMC 程序。

参考示例：

按键式工作方式选择程序如图 5-1-5 所示，波段开关式工作方式选择程序如图 5-1-6 所示。

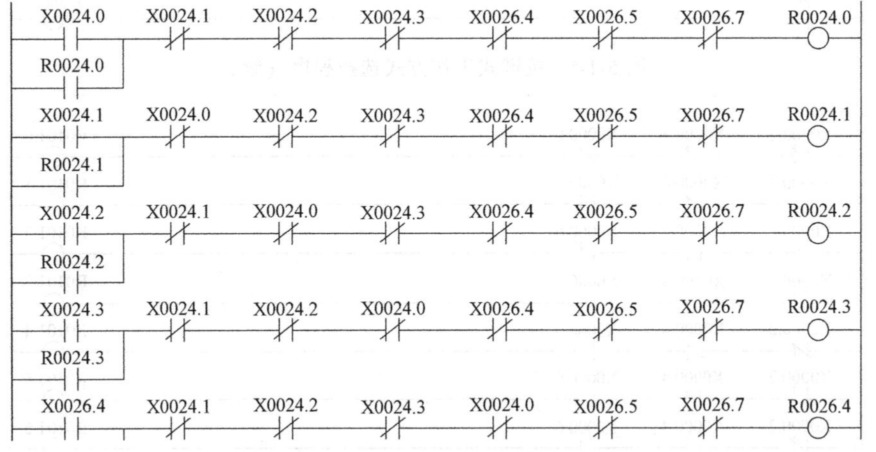

图 5-1-5　按键式工作方式选择程序

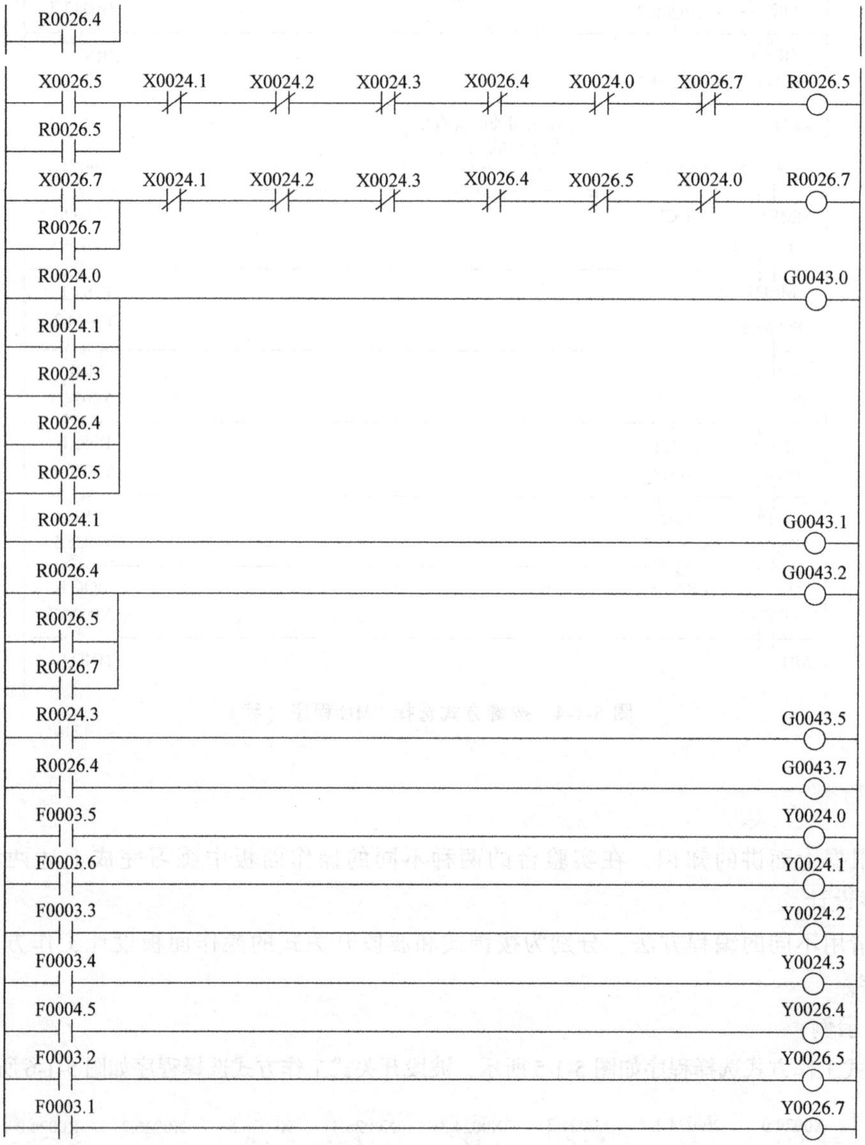

图 5-1-5 按键式工作方式选择程序（续）

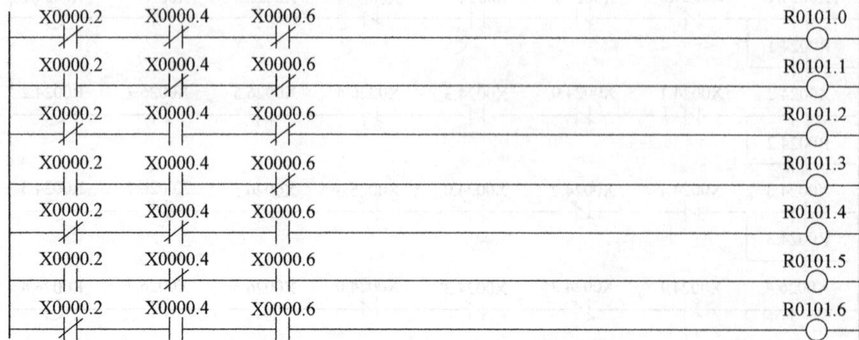

图 5-1-6 波段开关式工作方式选择程序

图 5-1-6 波段开关式工作方式选择程序（续）

任务评价

填写任务评价表见表 5-1-3。

表 5-1-3 任务评价表

产品类型	所连接实验台规格
系统型号	
面板方式选择类型	
任务评价结果	
波段开关方式程序设计	
按键方式程序设计	
LADDER 软件的使用与操作	

思考题

数控机床是如何实现方式选择控制的？

任务二 数控机床的轴进给控制

任务目标

1. 了解数控机床 JOG 方式下轴进给的 PMC 信号。
2. 掌握常用的轴进给控制 PMC 程序。

一、数控机床 JOG 方式轴进给地址

在 JOG 方式下，将机床操作面板上进给轴的方向选择信号置为 1，机床将会使所选坐标轴沿着所选的方向连续移动。一般情况下，手动 JOG 进给在同一时刻仅允许一个轴移动，但通过设定参数 JAX（1002#0）可以选择 3 轴同时移动。

JOG 进给速度由 1423 参数来定义，使用 JOG 进给速度倍率开关可调整 JOG 进给速度；快速移动被选择后，机床以快速进给速度移动，此时与 JOG 进给速度倍率开关信号无关。

手动连续进给的输入信号包含进给轴的方向选择+J1～+J4，-J1～-J4（G100.0～100.3 和 G102.0～G102.3）和手动进给速度倍率信号（G10～G11）。其中的+、-表示进给方向，J 后面的数字表明控制轴号。

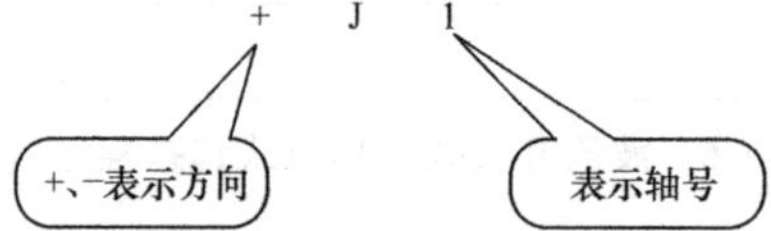

二、数控机床 JOG 方式轴进给的 PMC 程序

机床操作面板中，对 JOG 方式下的轴进给常见的形式有两种：一种是轴移动前需要进行轴选择和方向选择；另一种是把轴选择与方向选择集合在同一个键上，但其控制的系统输入 G 信号是相同的。如图 5-2-1 所示为轴选与方向分开的 PMC 程序。

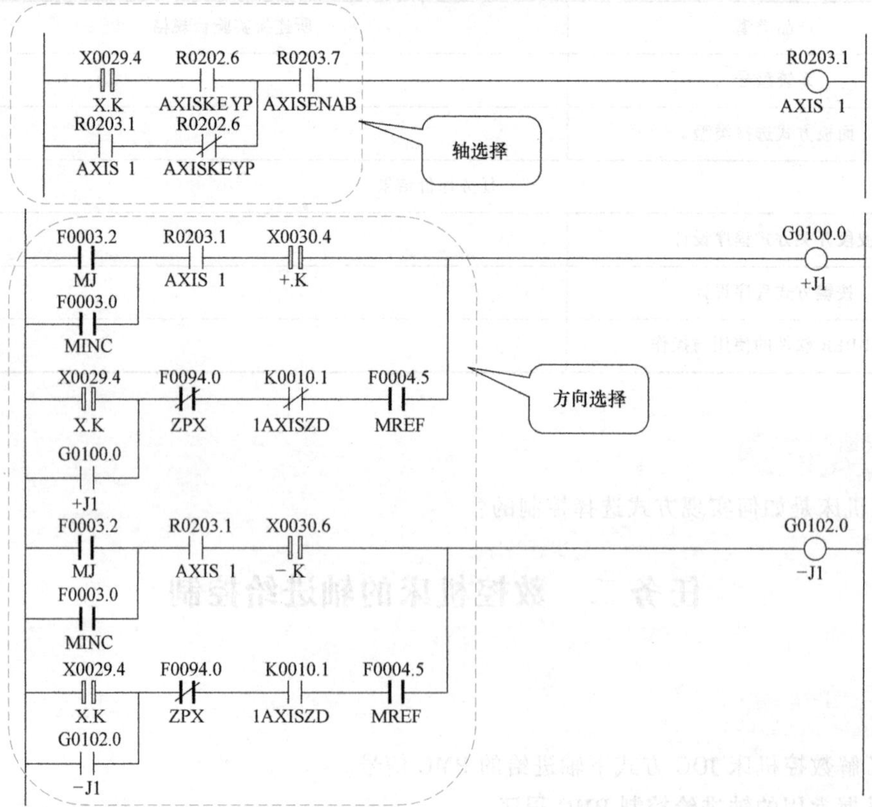

图 5-2-1 轴选与方向分开的 PMC 程序

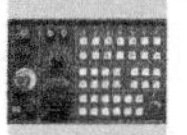

三、数控机床 JOG 方式轴进给倍率控制的 PMC 程序

轴进给倍率控制是通过外部波段开关触发 G10～G11 信号，从而实现不同的倍率控制，其 PMC 程序如图 5-2-2 和图 5-2-3 所示。

X0020.4 FEOVRAD5 → R0204.4 FEOVRSW5

X0020.3 FEOVRAD4, R0204.4 FEOVRSW5 → R0204.3 FEOVRSW4

X0020.2 FEOVRSD3, R0204.3 FEOVRSW4 → R0204.2 FEOVRSW3
X0020.2 FEOVRAD3, R0204.3 FEOVRSW4

X0020.1 FEOVRAD2, R0204.2 FEOVRSW3 → R0204.1 FEOVRSW2
X0020.1 FEOVRAD2, R0204.2 FEOVRSW3

X0020.0 FEOVRAD1, R0204.1 FEOVRSW2 → R0204.0 FEOVRSW1
X0020.0 FEOVRAD1, R0204.1 FEOVRSW2

图 5-2-2　逻辑转换

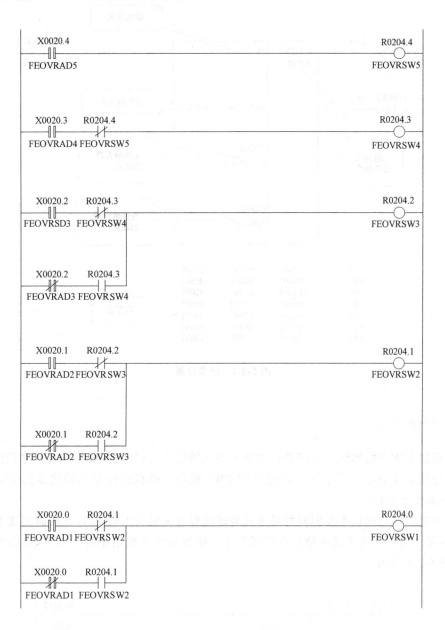

这部分的程序是把格雷码转换为二进制码的程序，某些波段开关本来就是二进制编码开关，可以不用这段程序。FANUC 标准的操作面板使用的是格雷码波段开关。

手动进给倍率信号 ＊JV0～＊JV15 是低电平有效信号。

倍率值(%) = 0.01% × $\sum_{i=0}^{15} |2^i + V_i|$，较为简单的设定方法是将倍率值乘以100，加1取反后将结果设定到对应数据项中。

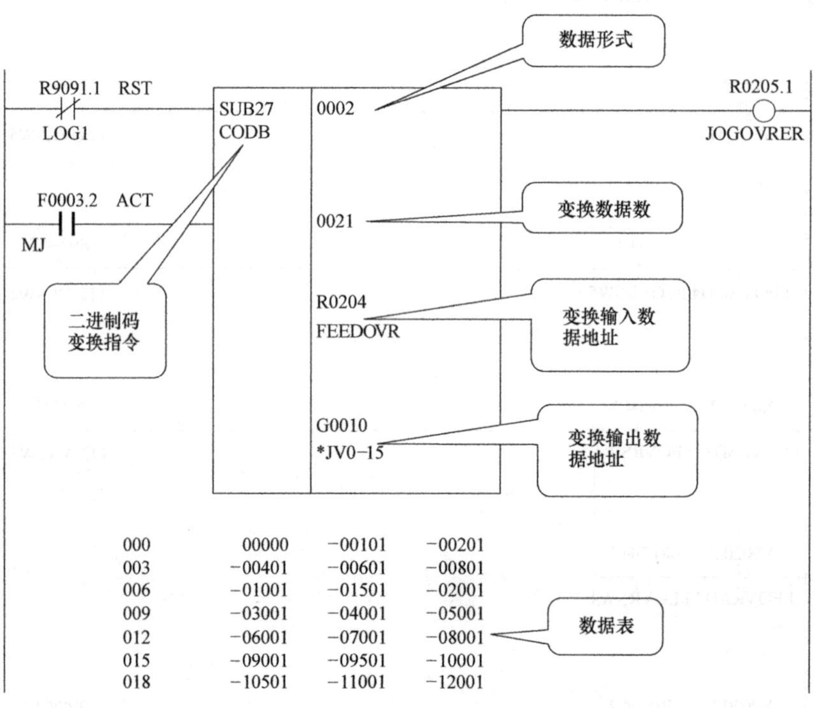

图 5-2-3 倍率控制

任务实施

1）根据上面讲的知识，在实验台中练习完成轴进给与倍率控制的 PMC 程序设计。

2）仿照上述 JOG 方式下第一轴进给的 PMC 程序，编程设计第二轴进给的 PMC 程序。参考示例如图 5-2-4 所示。

3）轴进给的切削倍率控制同样是通过外部波段开关触发 G12 信号，从而实现不同的切削倍率控制。仿照上述手动进给倍率控制程序，编程设计切削倍率控制的 PMC 程序。参考示例如图 5-2-5 所示。

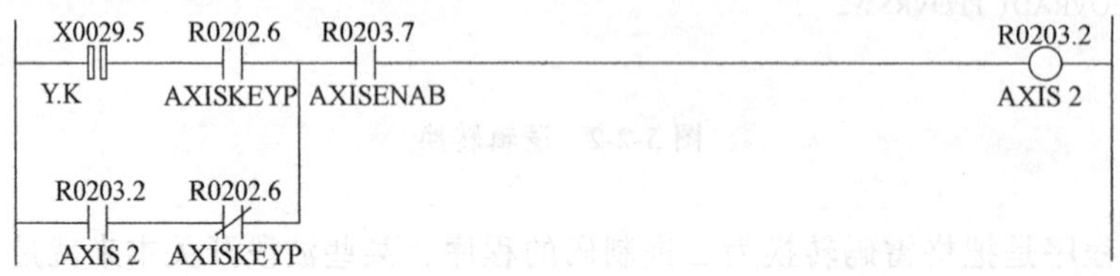

图 5-2-4 第二轴进给的 PMC 程序

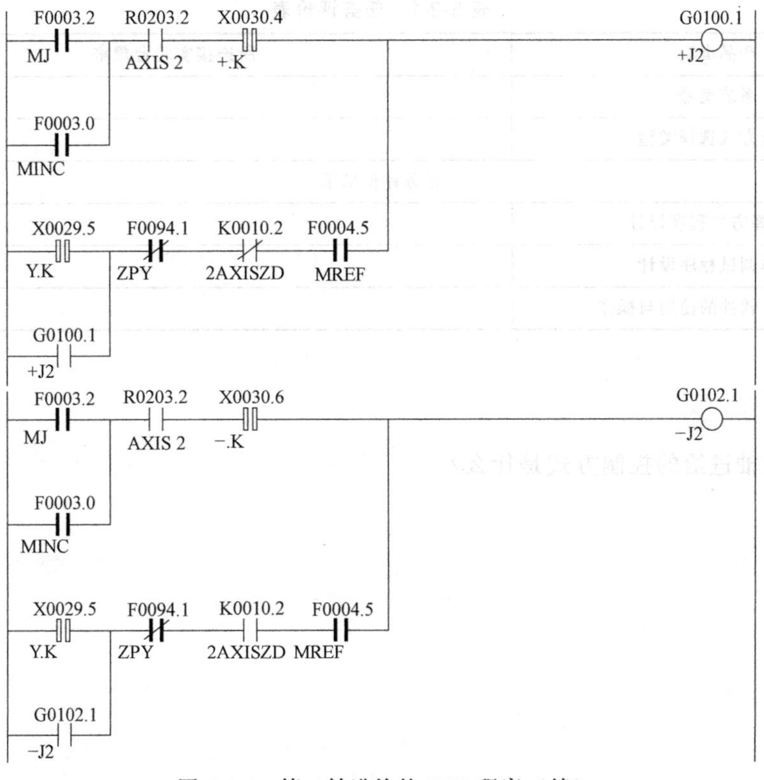

图 5-2-4 第二轴进给的 PMC 程序（续）

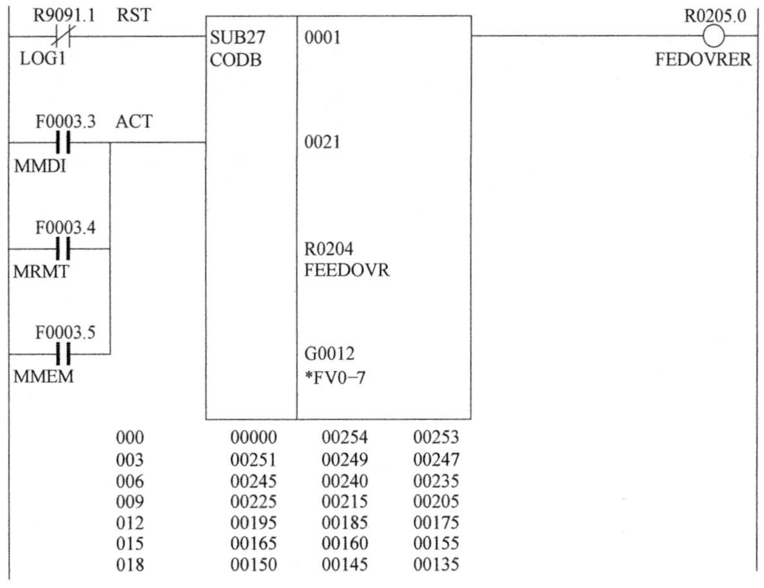

图 5-2-5 切削倍率控制的 PMC 程序

任务评价

填写任务评价表见表 5-2-1。

表 5-2-1 任务评价表

产品类型	所连接实验台规格
系统型号	
面板方式选择类型	
任务评价结果	
轴选择方式程序设计	
倍率调试程序设计	
LADDER 软件的使用与操作	

思考题

数控机床轴进给的控制方式是什么？

项目六　数控车床的自动换刀控制

项目描述

自动换刀系统由刀库和刀具交换装置组成。刀库可以存放数量较多的刀具，以进行复杂零件的多工步加工，可以明显提高数控机床的适应性和加工效率。本项目主要介绍数控车床在手动和自动方式下的换刀控制过程，为后面数控车床的故障诊断与维修打下坚实的基础。

项目重点

1. 掌握数控车床刀架的原理。
2. 掌握数控车床手动和自动换刀过程。
3. 掌握数控车床手动和自动换刀 PMC 程序。

任务一　数控车床手动方式下的换刀控制

任务目标

1. 了解数控车床 JOG 方式下的换刀过程。
2. 掌握常见的四工位电动刀架的 PMC 控制程序。
3. 掌握上升沿指令与下降沿指令的用法。

相关知识

一、刀架换刀原理

数控车床使用的回转刀架是最简单的自动换刀装置，有四工位和六工位刀架。回转刀架按其工作原理可分为机械螺母升降转位、十字槽转位等方式，其换刀过程一般有刀架抬起、刀架转位、刀架压紧并定位等几个步骤。回转刀架必须具有良好的强度和刚性，以承受粗加工的切削力。同时还要保证回转刀架每次转位的重复定位精度。

在 JOG 方式下，进行换刀，主要是通过机床控制面板上的手动换刀键来完成的，一般是在手动方式下，按下换刀键，刀位转入下一把刀。刀架在电气控制上，主要包含刀架电动机正反转和刀位传感器两部分，实现刀架正反转的是三相异步电动机，通过电动机的正反转来完成刀架的转位与锁紧；而刀位传感器一般是由霍尔传感器构成，四工位刀架就是四个霍尔传感器安装在一块圆盘上，但触发霍尔传感器的磁铁只有一个，也就是说，四个刀位信号始终有一个为“1”。

二、刀架控制的电气原理图

四工位刀架电气控制原理图如图 6-1-1 所示。

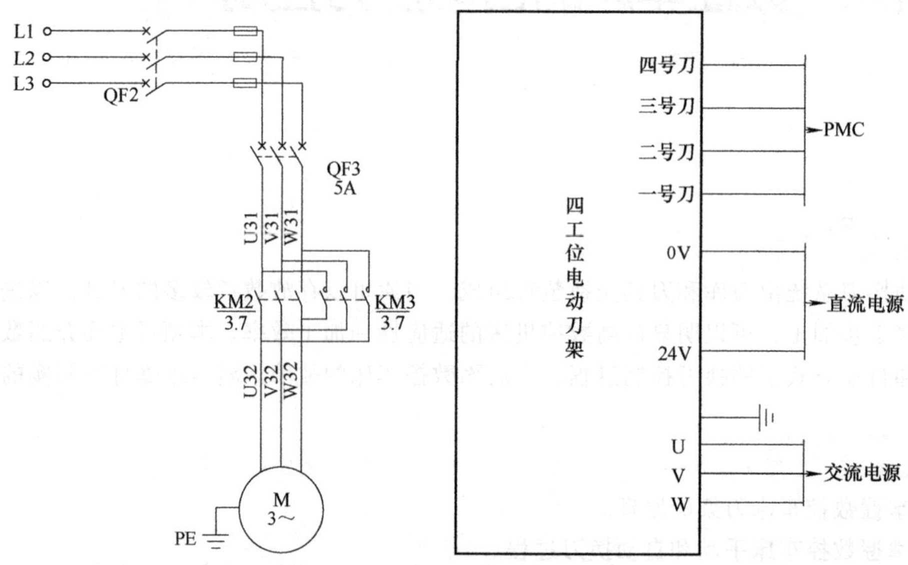

图 6-1-1 四工位刀架电气控制原理图

三、手动换刀的 PMC 控制程序

刀架手动控制程序如图 6-1-2 所示。

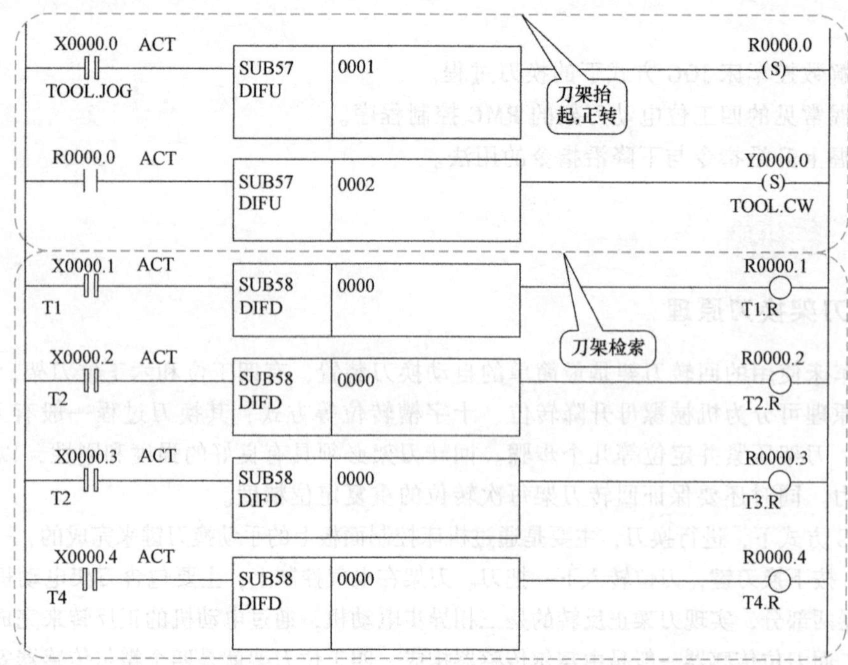

图 6-1-2 刀架手动控制程序

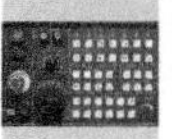

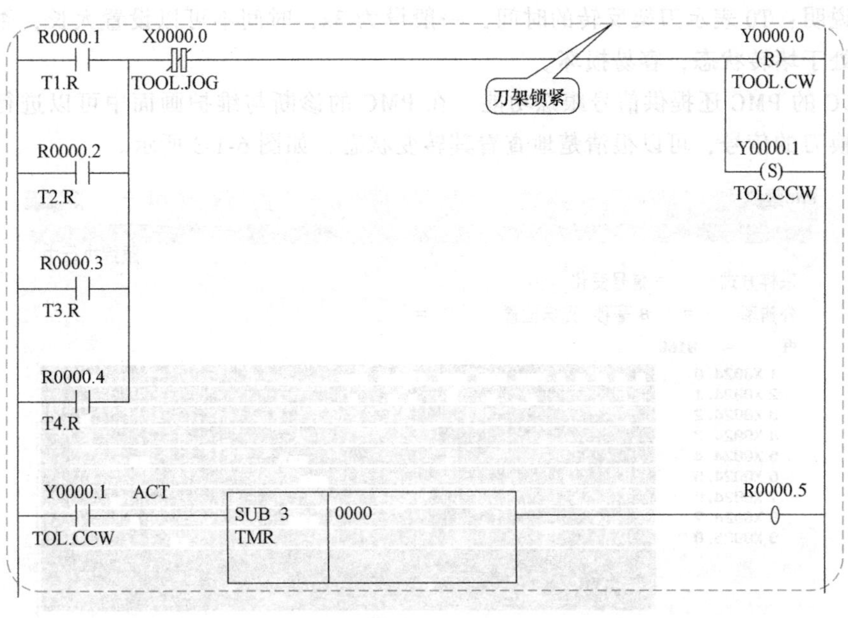

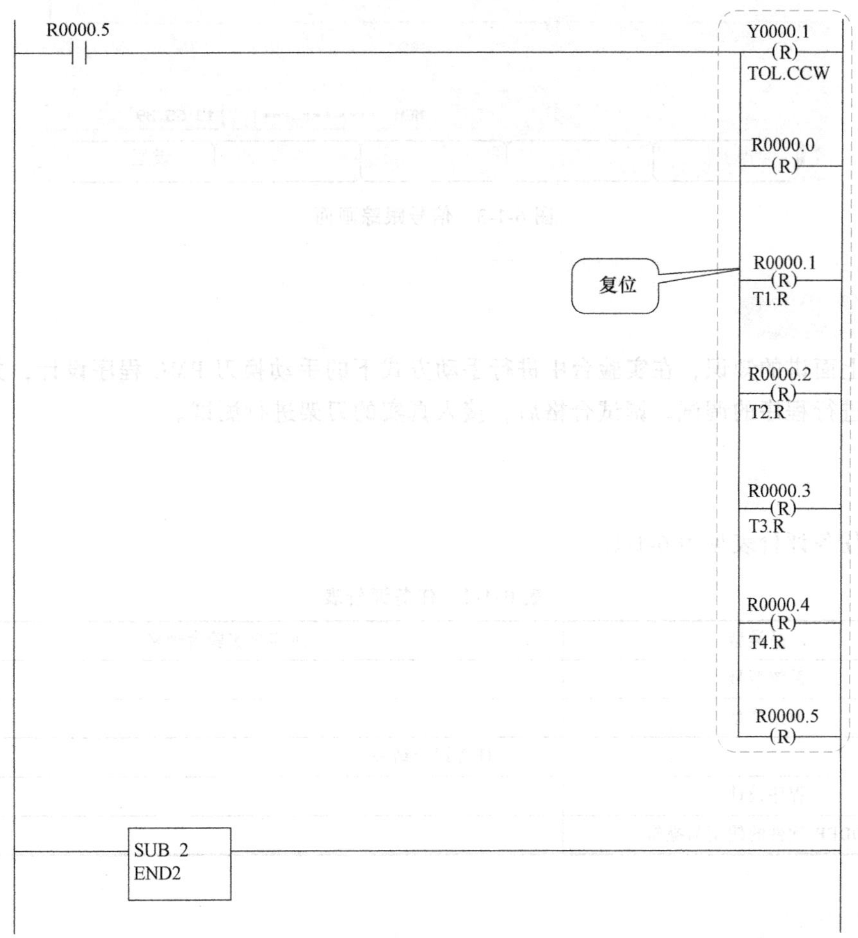

图 6-1-2　刀架手动控制程序（续）

项目六　数控车床的自动换刀控制

程序说明：T0 表示刀架反转的时间，一般设为 3s，时间不可以设置太长，否则刀架电动机一直处于堵转状态，容易损坏。

FANUC 的 PMC 还提供信号跟踪功能，在 PMC 的诊断与维护画面中可以进行信号的跟踪，对于换刀的信号，可以很清楚地查看其转变状态，如图 6-1-3 所示。

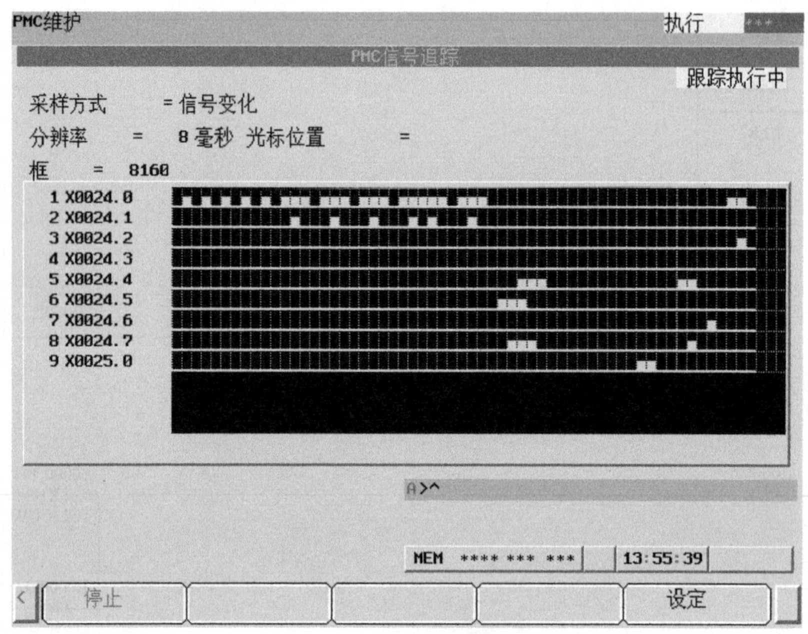

图 6-1-3 信号跟踪画面

任务实施

根据上面讲的知识，在实验台中进行手动方式下的手动换刀 PMC 程序设计，并在 PMC 练习板上进行程序的调试。调试合格后，接入真实的刀架进行测试。

任务评价

填写任务评价表见表 6-1-1。

表 6-1-1 任务评价表

产品类型	所连接实验台规格
系统型号	
刀架类型	
任务评价结果	
程序设计	
LADDER 软件的使用与操作	

思考题

换一种方法进行手动换刀程序的设计。

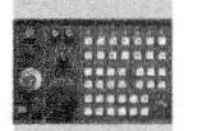

任务二　数控车床自动方式下的换刀控制

任务目标

1. 了解数控车床自动方式下的换刀过程。
2. 掌握常见的四工位电动刀架的 PMC 控制程序。
3. 掌握刀具功能代码的使用。

相关知识

一、自动换刀方式下的数据处理过程

数控车床在进行自动换刀时，动作基本同手动换刀时相同，但控制流程却相差很大，其数据处理流程如图 6-2-1 所示。

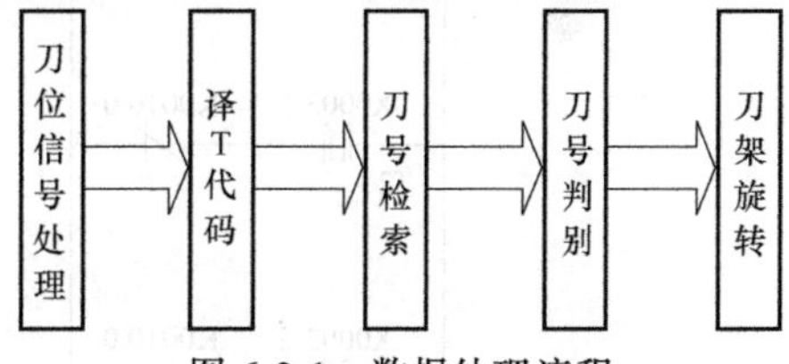

图 6-2-1　数据处理流程

二、刀具功能代码地址

当在程序中指定了 T 代码的地址时，代码信号与选通信号被送至 PMC 程序，PMC 程序用这些信号起动或保持刀架的动作。

刀具功能代码信号是指 T00~T31（F26~F29），刀具功能选通信号是 TF（F7.3）。

任务实施

1. 参数设置

T06：48　　【刀架到位反转时间】

T08：9984　　【刀架正转延时】

T10：3984　　【刀架反转延时】

T12：960　　【刀架反转锁紧延时】

K1：　　【当前刀号】

K10：00001001

K10.0　刀架逻辑选择　　【0：高电平；1：低电平】

K10.1　刀架工位选择　　【0：四工位；1：六工位】

K10.3　刀架锁紧高低电平选择　　【0：高电平；1：低电平】

2. 自动换刀程序

自动换刀程序如图 6-2-2 所示。

这个程序是个多功能的刀架控制程序，可以完成四工位与六工位刀架的控制，以及手动、自动刀架控制，还包含一些保护功能，可以根据刀架霍尔传感器的不同选择有效电平，这些功能是通过 K10 参数的设定来实现的。

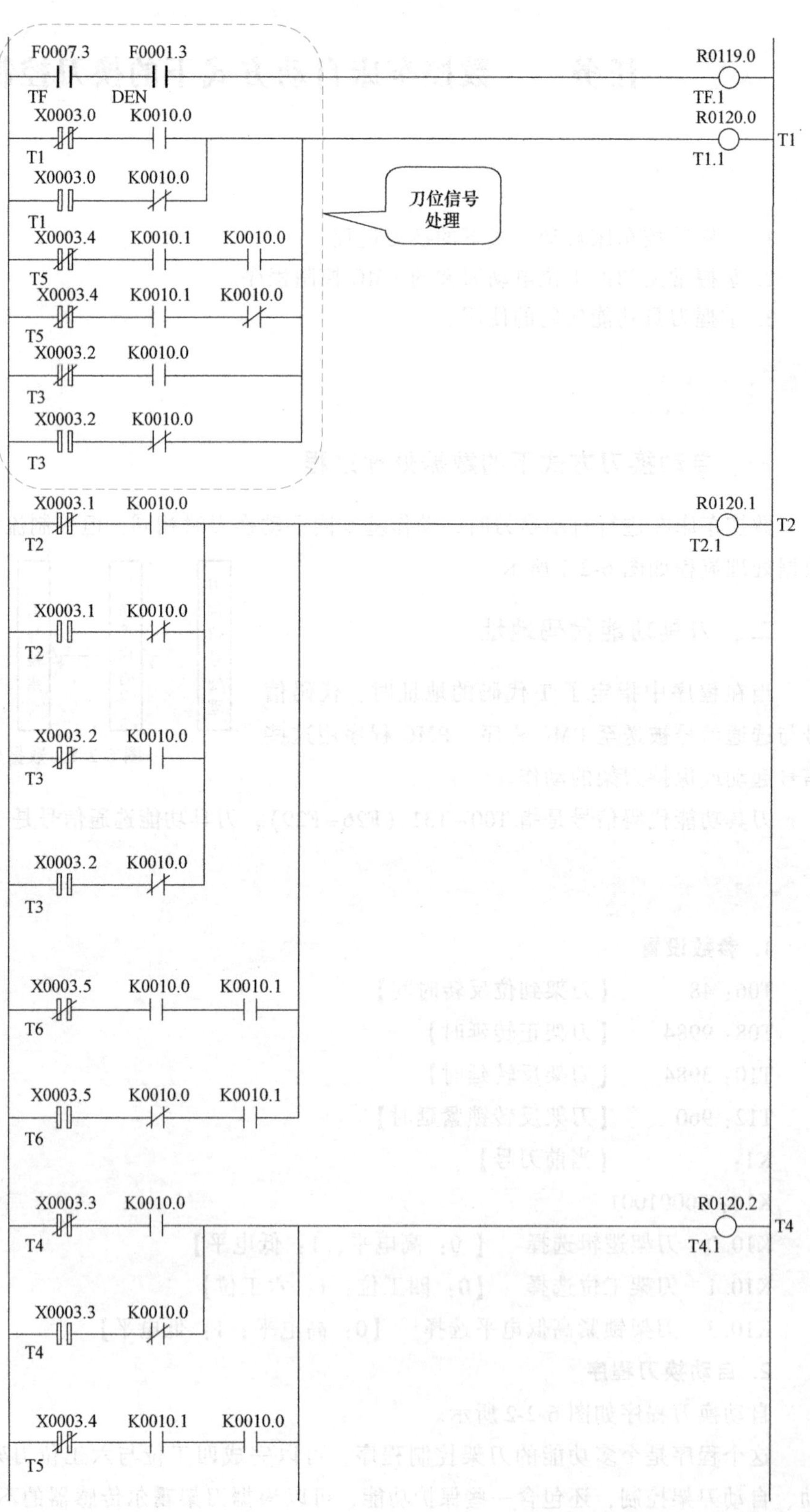
F0007.3
F0001.3
TF
DEN
R0119.0
TF.1
X0003.0
K0010.0
T1
R0120.0
T1.1
X0003.0
K0010.0
T1
刀位信号
处理
X0003.4
K0010.1
K0010.0
T5
X0003.4
K0010.1
K0010.0
T5
X0003.2
K0010.0
T3
X0003.2
K0010.0
T3
X0003.1
K0010.0
T2
R0120.1
T2.1
T2
X0003.1
K0010.0
T2
X0003.2
K0010.0
T3
X0003.2
K0010.0
T3
X0003.5
K0010.0
K0010.1
T6
X0003.5
K0010.0
K0010.1
T6
X0003.3
K0010.0
T4
R0120.2
T4.1
T4
X0003.3
K0010.0
T4
X0003.4
K0010.1
K0010.0
T5

图 6-2-2

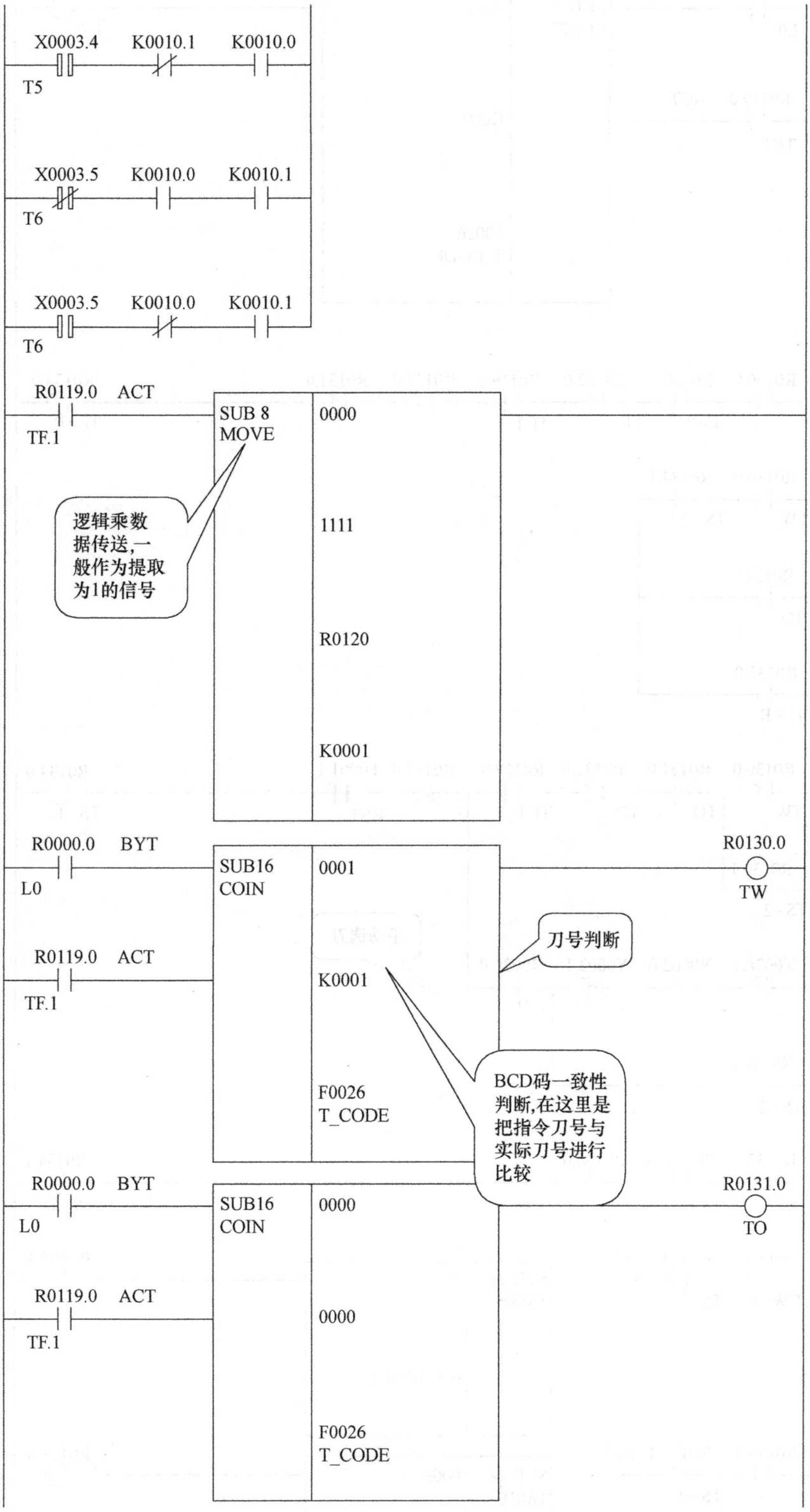

X0003.4 K0010.1 K0010.0
T5
X0003.5 K0010.0 K0010.1
T6
X0003.5 K0010.0 K0010.1
T6
R0119.0 ACT
TF.1
SUB 8
MOVE
0000
1111
R0120
K0001
逻辑乘数据传送,一般作为提取为1的信号
R0000.0 BYT
L0
R0119.0 ACT
TF.1
SUB16
COIN
0001
K0001
F0026
T_CODE
R0130.0
TW
刀号判断
BCD码一致性判断,在这里是把指令刀号与实际刀号进行比较
R0000.0 BYT
L0
R0119.0 ACT
TF.1
SUB16
COIN
0000
0000
F0026
T_CODE
R0131.0
TO

自动换刀程序

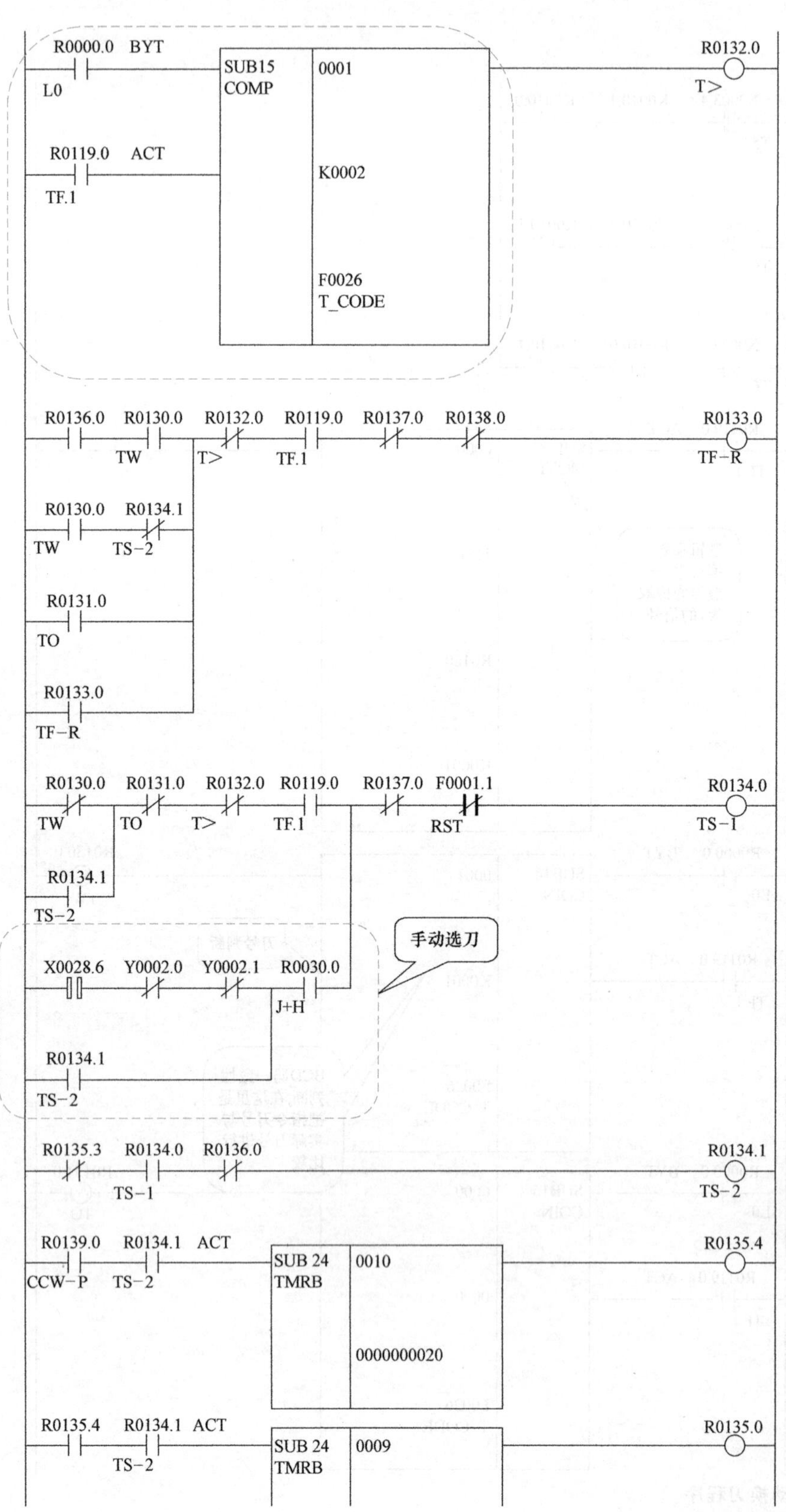

R0000.0 BYT
L0
SUB15
COMP
0001
R0119.0 ACT
TF.1
K0002
F0026
T_CODE
R0132.0
T>
R0136.0
R0130.0
TW
R0132.0
T>
R0119.0
TF.1
R0137.0
R0138.0
R0133.0
TF−R
R0130.0
TW
R0134.1
TS−2
R0131.0
TO
R0133.0
TF−R
R0130.0
TW
R0131.0
TO
R0132.0
T>
R0119.0
TF.1
R0137.0
F0001.1
RST
R0134.0
TS−1
R0134.1
TS−2
手动选刀
X0028.6
Y0002.0
Y0002.1
R0030.0
J+H
R0134.1
TS−2
R0135.3
R0134.0
TS−1
R0136.0
R0134.1
TS−2
R0139.0
CCW−P
R0134.1
TS−2
ACT
SUB 24
TMRB
0010
0000000020
R0135.4
R0135.4
R0134.1
TS−2
ACT
SUB 24
TMRB
0009
R0135.0

图 6-2-2

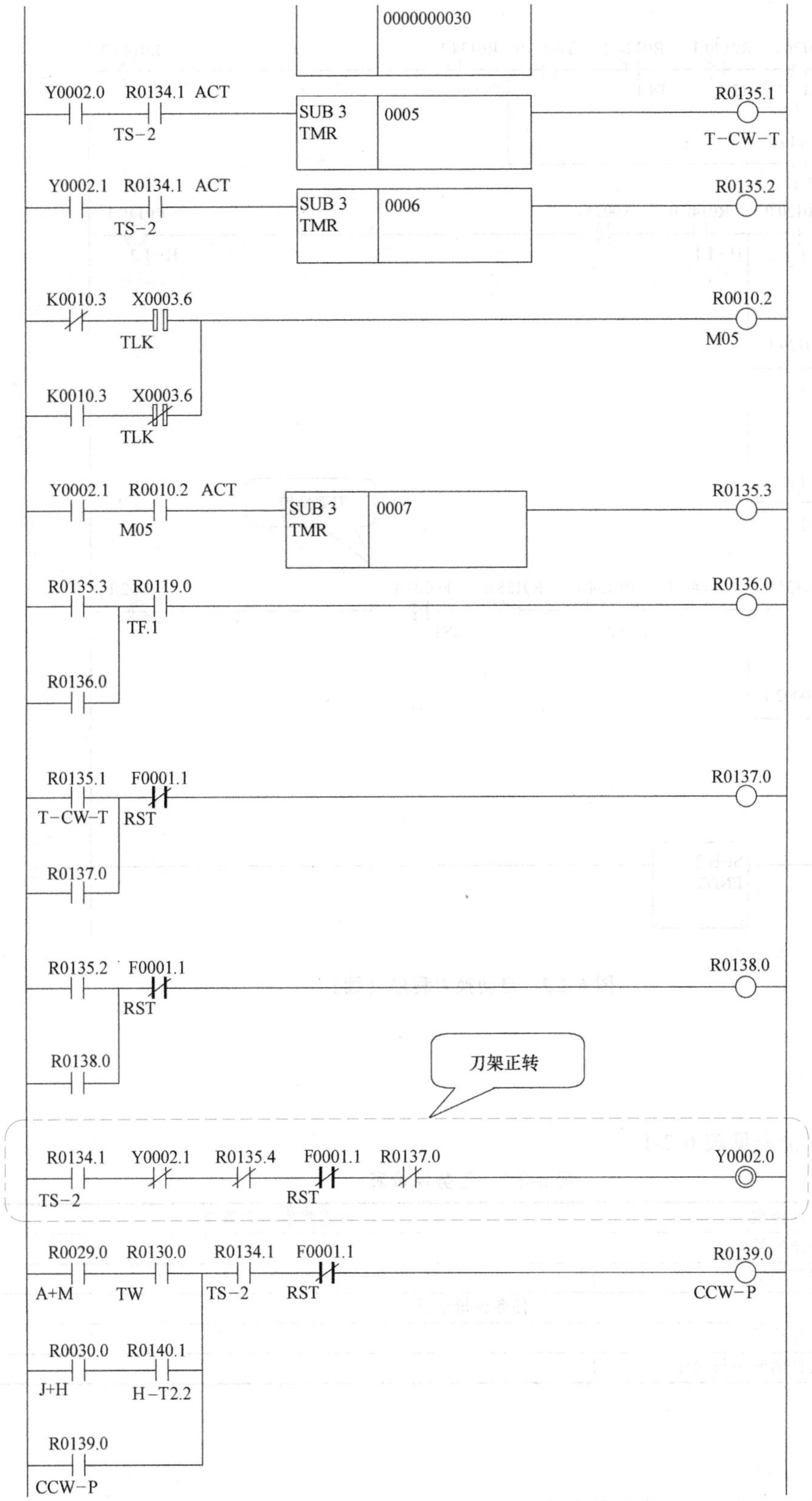

0000000030

Y0002.0 R0134.1 ACT TS-2 — SUB 3 TMR 0005 — R0135.1 T-CW-T

Y0002.1 R0134.1 ACT TS-2 — SUB 3 TMR 0006 — R0135.2

K0010.3 X0003.6 TLK — R0010.2 M05

K0010.3 X0003.6 TLK

Y0002.1 R0010.2 ACT M05 — SUB 3 TMR 0007 — R0135.3

R0135.3 R0119.0 TF.1 — R0136.0

R0136.0

R0135.1 T-CW-T F0001.1 RST — R0137.0

R0137.0

R0135.2 F0001.1 RST — R0138.0

R0138.0

刀架正转

R0134.1 TS-2 Y0002.1 R0135.4 F0001.1 RST R0137.0 — Y0002.0

R0029.0 A+M R0130.0 TW R0134.1 TS-2 F0001.1 RST — R0139.0 CCW-P

R0030.0 J+H R0140.1 H-T2.2

R0139.0 CCW-P

自动换刀程序（续）

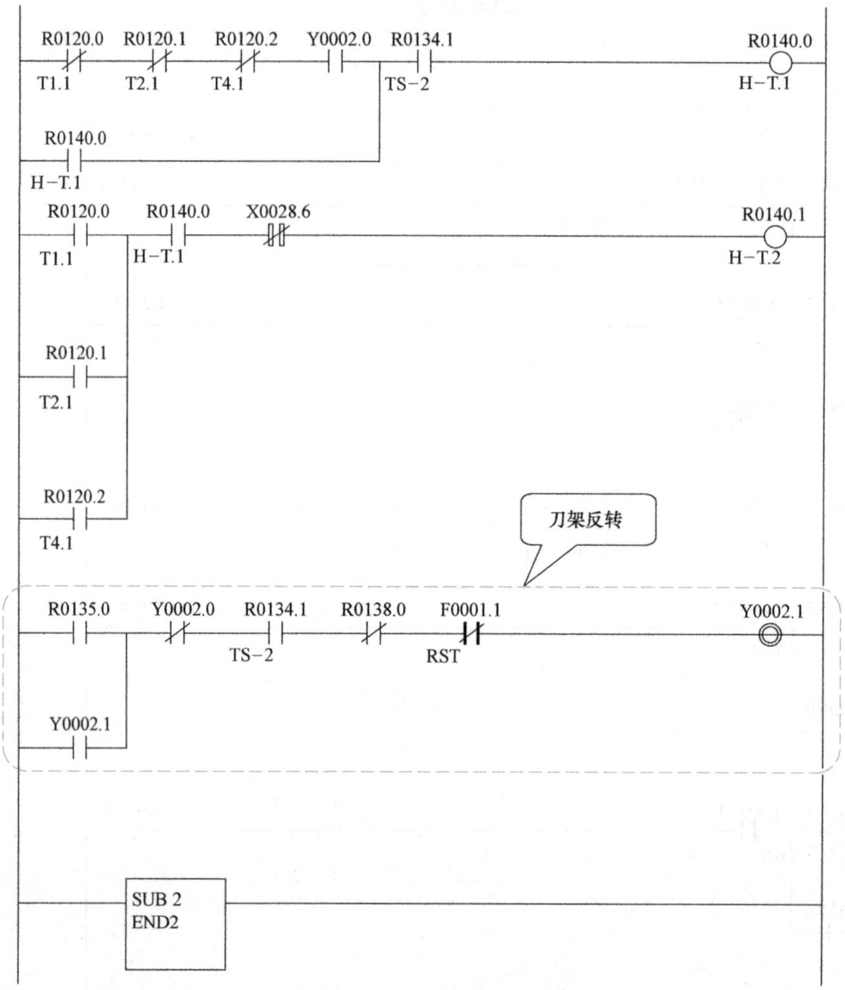

图 6-2-2 自动换刀程序（续）

任务评价

填写任务评价表见表 6-2-1。

表 6-2-1 任务评价表

产品类型	所连接实验台规格
系统型号	
刀架类型	
任务评价结果	
程序设计	
LADDER 软件的使用与操作	

如何在系统中查看 PMC 的信号状态？

项目七　主轴单元的调整

项目描述

机床主轴是指机床上带动工件或刀具旋转的轴。在机器中主要用来支撑传动零件如齿轮、带轮，传递运动及转矩。主轴的运动精度和结构刚度是决定加工质量和切削效率的重要因素。衡量主轴部件性能的指标主要是旋转精度、刚度和速度适应性。本项目主要介绍数控机床主轴的控制方式设定、参数设置和编码器调整。

项目重点

1. 熟悉数控机床主轴的控制方式。
2. 掌握数控机床主轴的参数设定。
3. 掌握数控机床主轴编码器的设定。

任务一　主轴速度与换档控制

任务目标

1. 熟悉主轴的控制功能。
2. 掌握主轴速度控制参数的设定方法。
3. 掌握主轴换档的方式及参数设定。

相关知识

一、主轴的控制功能

串行主轴控制是利用网络通信的手段来实现其功能。在 FS-0iC/D 中，主轴网络通信使用的是 I/O LINK 总线，它是一种独立于 PMC I/O LINK 总线、CNC FSSB 总线的专用串行总线。

主轴控制功能包括速度（转速）控制、位置控制与多主轴控制三大类。

主轴的速度（转速）控制包括 S 代码输出、倍率调节、传动级交换、线速度恒定控制、主轴转速波动检测等。

主轴的位置控制包括主轴能在特定角度上准确停止的定向准停（Spindle Orientation）、主轴可以在 0°~360°内任意定位的主轴定位（Spindle Positioning）、刚性攻丝、主轴可参与基本坐标轴插补运算的 Cs 轴控制（Cs Contouring Control）等。

多主轴控制包括：多主轴速度控制、位置控制与主-从同步控制等。

二、串行主轴的引导操作

1. 引导操作的目的

进行串行主轴引导操作的目的是自动选择并生成电动机匹配参数。通过电动机匹配参数，驱动器可以根据电动机的特性确定所需要的控制与调节参数（如电压、电流、转速、PWM 载频、滤波器常数等），以实现驱动器与电动机之间的最佳匹配及系统的最优控制。CNC 对驱动器实际配套的电动机型号与规格无法从总线中获取，为此必须通过电动机代码参数（PRM4133）告知 CNC，才能建立与实际电动机所对应的正确参数。

2. 电动机代码表

主轴电动机的代码与电动机的型号有关，应根据主轴电动机代码表查出相关型号的电动机代码。常用主轴电动机代码参见表 7-1-1。

表 7-1-1　i 系列主轴电动机代码表

型号	β3/10000i	β6/1000i	β8/8000i	β12/7000i		αc15/6000i
代码	332	333	334	335		246
型号	αc1/6000i	αc2/6000i	αc3/6000i	αc6/6000i	αc8/6000i	αc12/6000i
代码	240	241	242	243	244	245
型号	α0. 5/10000i	α1/1000i	α1. 5/10000i	α2/10000i	α3/10000i	α6/10000i
代码	301	302	304	306	308	310
型号	α8/8000i	α12/7000i	α15/7000i	α18/7000i	α22/7000i	α30/6000i
代码	312	314	316	318	320	322
型号	α40/6000i	α50/4500i	α1. 5/15000i	α2/15000i	α3/12000i	α6/12000i
代码	323	324	305	307	309	401
型号	α8/10000i	α12/10000i	α15/10000i	α18/10000i	α22/10000i	
代码	402	403	404	405	406	
型号	α12/6000ip	α12/8000ip	α15/6000ip	α15/8000ip	α18/6000ip	α18/8000ip
代码	407	407, N4020 = 8000, N4023 = 94	408	408, N4020 = 8000, N4023 = 94	409	409, N4020 = 8000, N4023 = 94
型号	α22/6000ip	α22/8000ip	α30/6000ip	α40/6000ip	α50/6000ip	α60/6000ip
代码	410	410, N4020 = 8000, N4023 = 94	411	412	413	414

3. 引导操作步骤

1）解除 CNC 参数的写保护。

2）进入系统参数界面，在参数 4133 中输入主轴电动机代码。

3）设定参数 4019. 7 = 1，进行串行主轴的初始化。

4）断开 CNC 与主轴驱动器的电源，并重新上电启动。

三、串行主轴的速度控制

主轴速度控制是主轴最基本的控制功能。通过对主轴转速的控制，可以控制刀具的切削速度，因此无论控制系统采用何种主轴配置、何种驱动器，都必须具备主轴转速控制功能。

1. 参数的设定

(1) 各主轴所属通道的参数设定

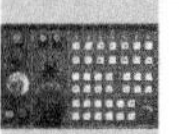

参数	0982	各主轴所属的通道号

该参数设定为 0 时，该主轴属于第一通道。

参数	3717	各主轴对应的放大器号

0iD 有效　0：放大器没有连接。

1：使用连接于 1 号放大器的主轴电动机。

2：使用连接于 2 号放大器的主轴电动机。

……

n：使用连接于 n 号放大器的主轴电动机。

（2）所使用的主轴放大器的种类选择

		#7	#6	#5	#4	#3	#2	#1	#0
参数	3716								A/S

0iD 有效　#0：A/S　0：使用模拟主轴。

1：使用串行主轴。

（3）S 代码允许位数的设定

参数	3031	S 代码允许位数

（4）主轴电动机上下限转速设定

参数	3736	主轴电动机的上限转速　[r/min]

$$设定值=\frac{主轴电动机的上限转速}{主轴电动机的最高转速}\times 4095$$　不使用该功能时设定为 4095

例：额定转速为 10000r/min 的电动机在 8000r/min 以下使用时的设定

$$\frac{8000}{10000}\times 4095=3276$$

参数	3735	主轴电动机的下限转速　[r/min]

$$设定值=\frac{主轴电动机的下限转速}{主轴电动机的最高转速}\times 4095$$　不使用该功能时设定为 0

例：额定转速为 10000r/min 的电动机在 100r/min 以上使用时的设定

$$\frac{100}{10000}\times 4095=41$$

参数	3772	各主轴电动机的上限转速　[r/min]

在指定了超过主轴上限转速的情况下，以及在通过应用主轴速度倍率使主轴转速超过上限转速的情况下，实际主轴转速被钳制在不超过参数中所设定的上限转速上。

2. 主轴转速倍率信号：SOV

如果使用 FANUC 标准机床操作面板，可通过倍率开关进行转速调节，调节档位为

50%、60%、70%、80%、90%、100%、110%和 120%。当调节控制面板上的 8 位二进制主轴转速倍率开关时，CNC 根据编程转速与主轴转速倍率开关信号输入 SOV，计算出加入倍率后的指令转速值。在攻螺纹循环和螺纹切削方式时，倍率信号无效。

		#7	#6	#5	#4	#3	#2	#1	#0
地址	Gn030	SOV7	SOV6	SOV5	SOV4	SOV3	SOV2	SOV1	SOV0

可对指令的主轴转速，以 1%为间隔乘以在 0~254%范围内的倍率。

四、主轴换档

1. 主轴换档的类型

换档功能保证 CNC 的主轴指令转速输出能够根据机床主轴的实际传动比进行自动调整，使得在主轴不同传动比下，通过改变电动机转速，保证主轴转速与程序转速严格对应。

FS-0iC/D 的换档的类型有“机械式”与“纯电气式”两种，机械换档需要通过滑移齿轮或离合器改变齿轮比，纯电气换档可通过电动机绕组的Y/△切换进行。

机械换档又可以分 T 型换档与 M 型换档两类，可通过设定参数 3706#4 来完成。（FS-0iTC/TD 无此设定，只能是 T 型）

		#7	#6	#5	#4	#3	#2	#1	#0
参数	3706				GTT				

#4：GTT 0：M 型。

1：T 型。

2. T 型换档

T 型换档是一种传统的换档方式，它根据机床的实际传动级，自动变换转速指令输出的功能，通过 PMC 进行换档控制。T 型换档可以用于 FS-0iTC/TD 与 FS-0iMC/MD，输出特性如图 7-1-1 所示。

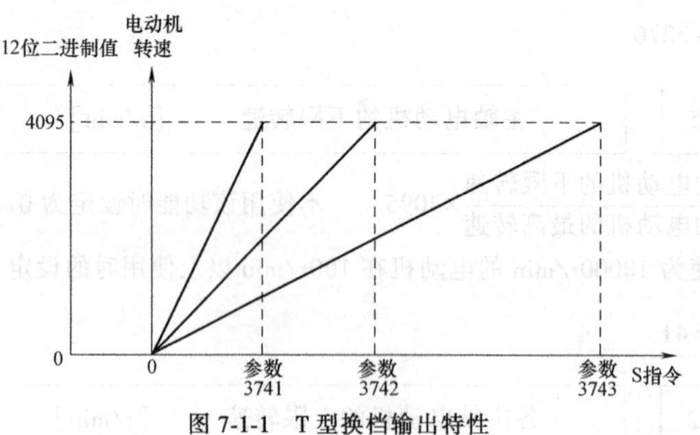

图 7-1-1 T 型换档输出特性

参数	3741	第 1 档主轴最高转速 [r/min]
参数	3742	第 2 档主轴最高转速 [r/min]

参数	3743	第 3 档主轴最高转速 [r/min]

参数	3744	第 4 档主轴最高转速 [r/min]

铣床系统可以使用 3 档变速，车床系统可以使用 4 档变速。不使用的相关档位的参数设定为 0。

在加工程序中使用 M 代码功能进行档位切换，用 GR1 和 GR2 信号把档位选择输入到 CNC。

		#7	#6	#5	#4	#3	#2	#1	#0
地址	Gn028						GR2	GR1	

GR1、GR2 信号对应档位、参数关系表见表 7-1-2。

表 7-1-2 GR1、GR2 信号对应档位、参数关系表

档位选择信号		档 位	最大主轴转速参数
GR1	GR2		
0	0	1	No. 3741
1	0	2	No. 3742
0	1	3	No. 3743
1	1	4	No. 3744

3. M 型换档

M 型换档是由 CNC 控制的，只要主轴转速达到了规定的传动级切换转速，就必须予以换档。M 型换档只能用于 FS-0iMC/MD，并根据档位切换转速的不同，又有 A 型、B 型与攻丝型之分，由参数 3705#2 设定。

		#7	#6	#5	#4	#3	#2	#1	#0
参数	3705						SGB		

#2：SGB 0：根据参数（No. 3741 ~ No. 3743）（对应于各齿轮的最大转速）进行齿轮的选择。(方式 A)

1：根据参数（No. 3751 ~ No. 3752）（各齿轮切换点的主轴速度）进行齿轮的选择。(方式 B)

（1）M 型换档（A 型）

M 型换档中 A 型的转换点、最大转速指令输出值统一，转换点与最大转换指令输出值用参数 3736 进行设定，转速指令输出的下限用参数 3735 进行设定。输出特性如图 7-1-2 所示。

各档位的定义方法与 T 型换档相同，仍然通过参数 3741 ~ 3743 设定，但第 4 档（参数 3744）在 M 型换档时无效。

在加工程序上用 S 功能指定主轴转速时，CNC 控制软件按参数求得主轴电动机转速和换档信号进行控制。

		#7	#6	#5	#4	#3	#2	#1	#0
地址	Fn034						GR3O	GR2O	GR1O

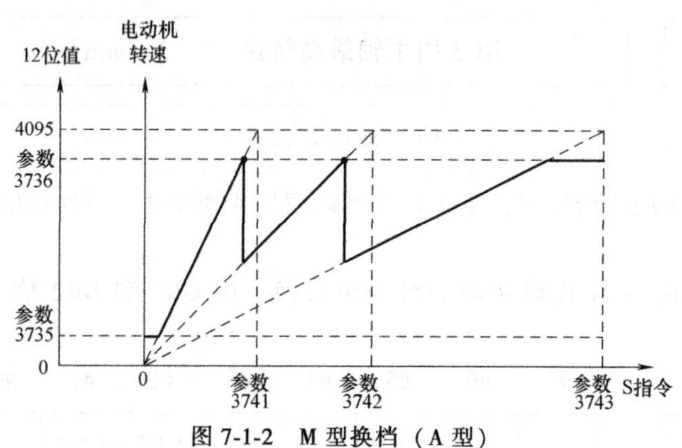

图 7-1-2 M 型换档（A 型）

对应关系见表 7-1-3。

表 7-1-3 S 与档位和换档信号的对应关系

编程转速 S	档位选择	换档信号输出		
		GR1O	GR2O	GR3O
S<档 1	档 1	1	0	0
档 1<S<档 2	档 2	0	1	1
档 2<S<档 3	档 3	0	0	1
S>档 3	档 3	0	0	1

（2）M 型换档（B 型）

M 型换档中 B 型的转换点可以分档位单独设置，由参数 3751、3752 分别定义档位 1 转换为档位 2、档位 2 转换为档位 3 的转换点位置。输出特性如图 7-1-3 所示。

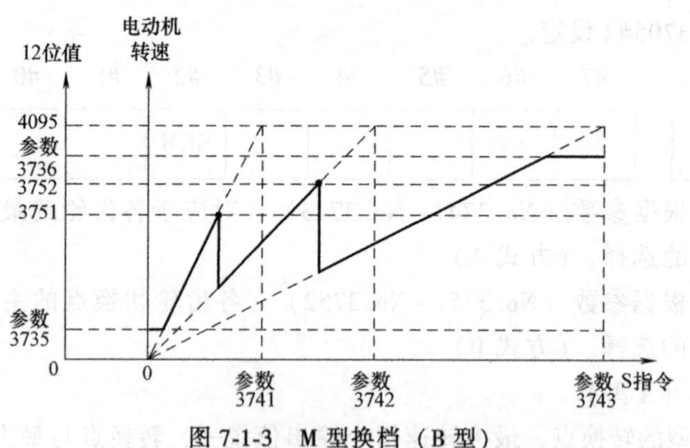

图 7-1-3 M 型换档（B 型）

参数	3751	主轴电动机 1~2 档换档转速 [r/min]
参数	3752	主轴电动机 2~3 档换档转速 [r/min]

$$设定值=\frac{齿轮切换的点主轴电动机转速}{主轴电动机的最高转速}\times4095$$

M 型换档（B 型）的转速及换档对应关系与 M 型换档（A 型）类似。

（3）M 型换档（攻丝型）

M 型换档中的攻丝型与 M 型换档 B 型的功能相同，区别仅在于转换点的设定参数号不同，由参数 3761、3762 分别用于定义攻丝时档位 1 转换为档位 2、档位 2 转换为档位 3 的转换点位置。

五、案例分析

某数控铣床配置有 FANUC 串行主轴，主轴电动机型号：FANUC-αiI 3/10000。

1）主轴电动机的最高、最低钳制转速设置：最高 9000r/min，最低 50r/min。

2）设备换档采用 M 型换档（B 型）：要求三级档位最高转速分别为 2000r/min、4000r/min、8000r/min，档位 1 转换为档位 2 的转速为 1200r/min、档位 2 转换为档位 3 的转速为 3000r/min。

3）根据设定过程填写表 7-1-4。

表 7-1-4　案例主轴参数设定表

参　数	设定值	意　义	说　明
3716#0	1	主轴放大器的种类选择	0:使用模拟主轴 1:使用串行主轴
3717	1	各主轴的主轴放大器号设定	0:放大器没有连接 1:使用连接 1 号放大器的主轴电动机 2:使用连接 2 号放大器的主轴电动机
3735	20	主轴电动机的最低钳制速度	$设定值=\frac{主轴电动机的下限转速}{主轴电动机的最高转速}\times 4095$
3736	3685	主轴电动机的最高钳制速度	$设定值=\frac{主轴电动机的上限转速}{主轴电动机的最高转速}\times 4095$
3706#4	0	主轴换档方式选择	0:M 型 1:T 型
3705#2	1	齿轮切换方式	0:方式 A 1:方式 B
3741	2000	第 1 档主轴最高转速	
3742	4000	第 2 档主轴最高转速	
3743	8000	第 3 档主轴最高转速	
3751	491	主轴电动机 1～2 档换档转速	$设定值=\frac{齿轮切换点的主轴电动机转速}{主轴电动机的最高转速}\times 4095$
3752	1228	主轴电动机 2～3 档换档转速	$设定值=\frac{齿轮切换点的主轴电动机转速}{主轴电动机的最高转速}\times 4095$
3772	10000	主轴的上限转速	
4133	308	设定主轴电动机代码	查表
4019#7	1	电动机初始化位	

任务实施

根据实验（实训）室内的 FANUC 实际设备，进行主轴参数设定，满足以下技术要求：

1）主轴电动机的最高、最低钳制转速设置：最高 5000r/min，最低 50r/min。

2）设备换档采用 M 型换档 B 型：要求三级档位最高转速分别为 1000r/min、2000r/min、4000r/min，档位 1 转换为档位 2 的转速为 600r/min、档位 2 转换为档位 3 的转速为 1500r/min。

3）根据设定过程填写表 7-1-5。

表 7-1-5 主轴参数设定表

参 数	设定值	意 义	说 明

任务评价

填写任务评价表见表 7-1-6。

表 7-1-6 任务评价表

产品类型	所连接实验台规格
系统型号	
机床型号	
任务评价结果	
主轴参数设置	
换档设置	

思考题

1. 串行主轴引导操作的含义是什么？为何主轴需要进行引导操作？
2. T 型换档和 M 型换档各有什么特点？

任务二 主轴编码器的设定

任务目标

1. 熟悉编码器的基本原理及分类。
2. 掌握主轴编码器的连接形式。
3. 掌握主轴编码器参数的设定方法。

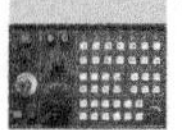

一、磁性编码器的基础知识

1. 工作原理

磁性编码器是利用磁感应原理检测主轴电动机位置（转角）的检测元件。编码器由检测头与磁性环组成，检测头上安装有相位相差为90°的A、B两相磁感应元件与每转输出一周期的Z相磁感应元件。

磁性环每旋转一周，检测头上可以检测到磁性环上均匀分布的磁体，输出A、B相64~1024周期的正弦波信号，以及Z相输出的每转一次的正弦波信号。

2. 磁性编码器的分类

编码器分电动机内置式和外置式两种，内置式编码器用于电动机转速与位置检测，如果主电动机与主轴之间安装有机械变速装置，则必须在主轴上安装带零位信号的外置编码器或接近开关。

αi系列主轴电动机内置式编码器共有以下4种类型：

1）不带零位脉冲信号、输出为64~256周期/转正弦波的标准内置式磁性编码器（αiM型）。

2）带零位脉冲信号、输出为64~256周期/转正弦波的标准内置式磁性编码器（αiMZ型）。

3）带零位脉冲信号、输出为128~512周期/转正弦波、无前置放大器的内置/外置通用性磁性传感器（αiBZ型）。

4）带零位脉冲信号、输出为512~1024周期/转正弦波、带前置放大器的内置/外置通用性磁性传感器（αiCZ型）。

二、编码器连接结构

1. 速度控制型结构

对于仅仅需要主轴转速控制的场合，一般可以直接采用主轴内置式αiM磁性传感器作为速度检测单元，如图7-2-1所示。

主轴转速控制必须设定的参数见表7-2-1。

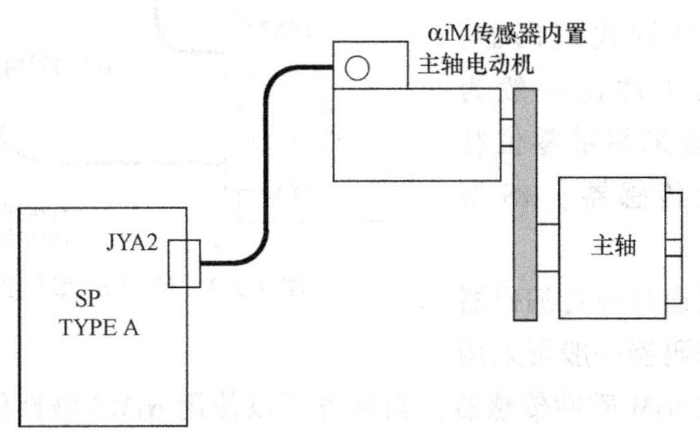

图7-2-1　速度控制型结构

表 7-2-1 主轴转速控制必须设定的参数

参 数	设 定 值	内 容
4002#3,2,1,0	0,0,0,0	不进行位置控制
4010#2,1,0	根据检测器而定	电动机传感器种类的设定
4011#2,1,0	根据检测器而定	电动机传感器轮齿的设定

2. 位置控制型结构

当主轴需要进行位置控制时，系统结构决定于位置控制的具体要求（定向准停、主轴定位或 Cs 轴控制）与主轴机械传动系统的形式，根据不同情况可以选择如下结构。

(1) 使用内置编码器的结构

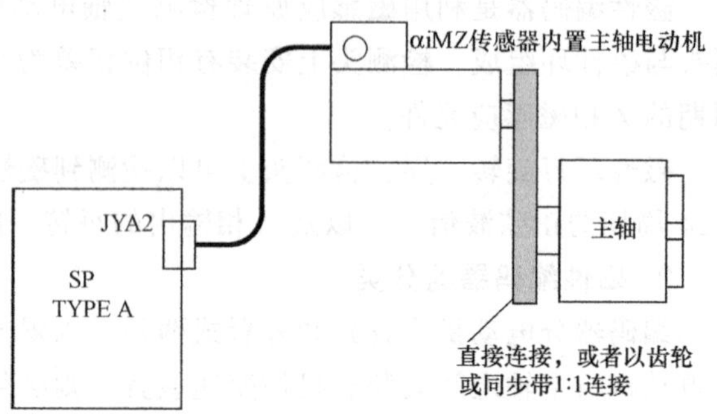

图 7-2-2 使用内置编码器的结构

需要通过电动机内置编码器进行位置控制的前提是电动机与主轴必须采用 1∶1 连接或直接连接。内置编码器必须采用内置式 αiMZ 磁性传感器或 αiBZ 、αiCZ 磁性传感器，具体结构如图 7-2-2 所示。

本结构必须要设定的参数见表 7-2-2。

表 7-2-2 使用内置编码器的结构必须要设定的参数

参 数	设 定 值	内 容
4000#0	0	主轴与电动机的旋转方向
4002#3,2,1,0	0,0,0,1	将电动机传感器使用于位置反馈
4010#2,1,0	0,0,1	在电动机传感器中使用 αiMZ 传感器、αiBZ 传感器、αiCZ 传感器
4011#2,1,0	根据检测器而定	电动机传感器的轮齿的设定
4056~4059	100or1000	主轴与电动机之间的齿轮比为 1∶1

(2) 外置编码器与主轴 1∶1 连接的结构

当电动机与主轴之间不为 1∶1 连接或直接连接时，为了正确检测主轴的实际位置，应采用位置式编码器，主轴与编码器之间的传动比一般为 1∶1。外位置式编码器采用带零位脉冲的 αiBZ、αiCZ 磁性传感器、αS 型磁性传感器。

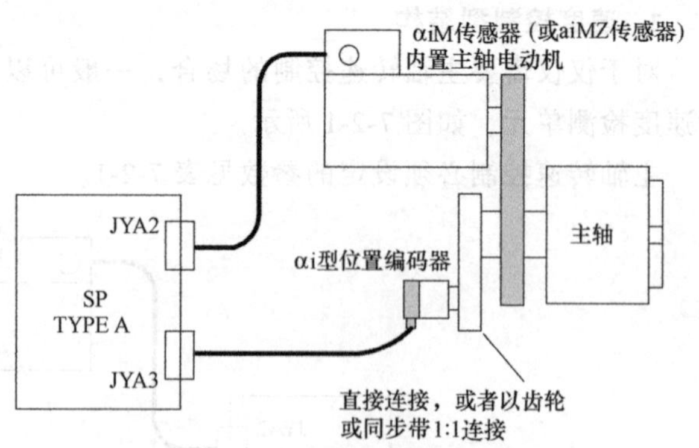

图 7-2-3 使用 αi 型位置编码器的结构

由于主轴位置检测通过外置编码器进行，电动机内置的编码器一般可采用不带零位脉冲的内置式 αiM 磁性传感器，当然也可以使用 αiMZ 磁性传感器。

1）使用 αi 型位置编码器的结构如图 7-2-3 所示。

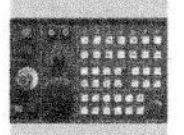

本结构需要设置的参数见表 7-2-3。

表 7-2-3 使用 αi 型位置编码器结构需要设置的参数

参 数	设 定 值	内 容
4000#0	根据配置而定	主轴与电动机的旋转方向
4001#4	根据配置而定	主轴传感器的安装方向
4002#3,2,1,0	0,0,1,0	在主轴传感器上使用 αi 位置编码器
4003#7,6,5,4	0,0,0,0	主轴传感器的设定
4010#2,1,0	根据检测器而定	电动机传感器各类的设定
4011#2,1,0	根据检测器而定	电动机传感器的轮齿的设定
4056~4059	根据配置而定	主轴与电动机之间的齿轮比

2）使用 α 位置编码器 S 的结构如图 7-2-4 所示。

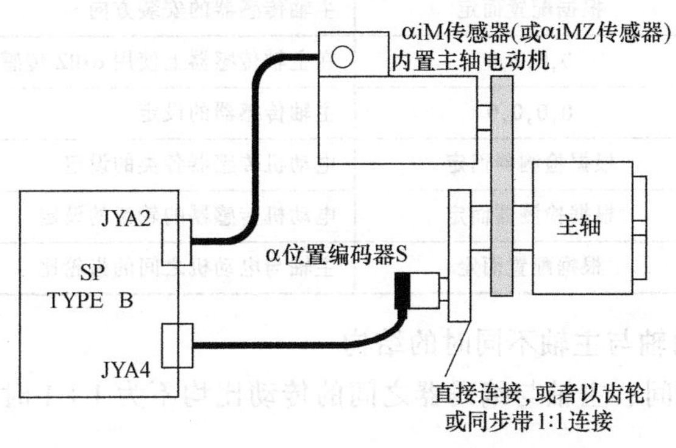

图 7-2-4 使用 α 位置编码器 S 的结构

本结构需要设置的参数见表 7-2-4。

3）带零位脉冲的 αiBZ、αiCZ 磁性传感器的结构如图 7-2-5 所示。

本结构需要设置的参数见表 7-2-5。

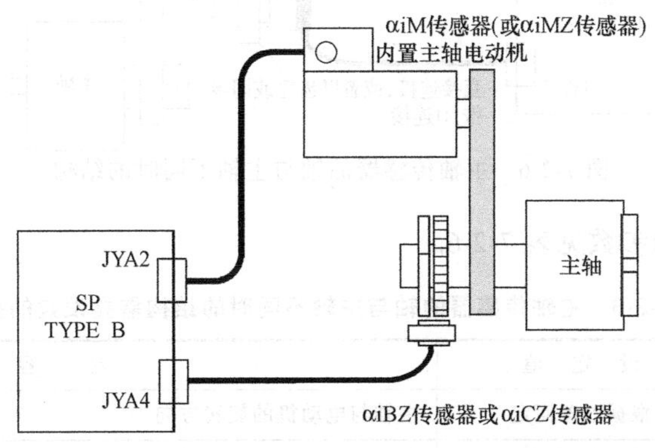

图 7-2-5 带零位脉冲的 αiBZ、αiCZ 磁性传感器的结构

表 7-2-4 使用α位置编码器 S 结构需要设置的参数

参　数	设 定 值	内　容
4000#0	根据配置而定	主轴与电动机的旋转方向
4001#4	根据配置而定	主轴传感器的安装方向
4002#3,2,1,0	0,0,1,0	在主轴传感器上使用α位置编码器 S
4003#7,6,5,4	0,0,0,0	主轴传感器的设定
4010#2,1,0	根据检测器而定	电动机传感器各类的设定
4011#2,1,0	根据检测器而定	电动机传感器的轮齿的设定
4056~4059	根据配置而定	主轴与电动机之间的齿轮比

表 7-2-5 使用带零位脉冲的 αiBZ、αiCZ 磁性传感器结构需要设置的参数

参　数	设 定 值	内　容
4000#0	根据配置而定	主轴与电动机的旋转方向
4001#4	根据配置而定	主轴传感器的安装方向
4002#3,2,1,0	0,0,1,0	在主轴传感器上使用 αiBZ 传感器、αiCZ 传感器
4003#7,6,5,4	0,0,0,0	主轴传感器的设定
4010#2,1,0	根据检测器而定	电动机传感器各类的设定
4011#2,1,0	根据检测器而定	电动机传感器的轮齿的设定
4056~4059	根据配置而定	主轴与电动机之间的齿轮比

（3）主轴传感器的轴与主轴不同时的结构

当电动机与主轴之间、主轴与编码器之间的传动比均不为 1∶1 时，控制结构如图 7-2-6 所示。

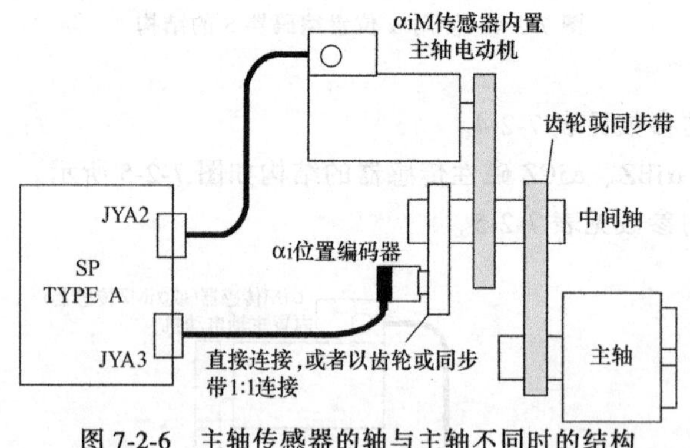

图 7-2-6 主轴传感器的轴与主轴不同时的结构

本结构需要设置的参数见表 7-2-6。

表 7-2-6 主轴传感器的轴与主轴不同时的结构需要设置的参数

参　数	设 定 值	内　容
4000#0	根据配置而定	主轴与电动机的旋转方向
4001#4	根据配置而定	主轴传感器的安装方向
4002#3,2,1,0	根据配置而定	主轴传感器的种类

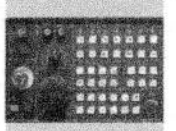

（续）

参　数	设 定 值	内　容
4003#7,6,5,4	根据检测器而定	主轴传感器的轮齿的设定
4010#2,1,0	0,0,0	在电动机传感器上使用 αiM 传感器
4011#2,1,0	根据检测器而定	电动机传感器的轮齿的设定
4016#5	0	不检测与位置反馈信号相关的报警(Cs 轮廓控制方式)
4056~4059	根据配置而定	主轴与电动机之间的齿轮比
4500~4503	根据配置而定	主轴传感器与主轴之间的任意齿轮比

注：不能够使用需要定向等一次旋转信号的功能。

(4) 使用电主轴的结构

内装式主轴（电主轴）为电动机与主轴一体化结构，目前这种结构只能使用外置式编码器。控制系统的结构如图 7-2-7 所示。

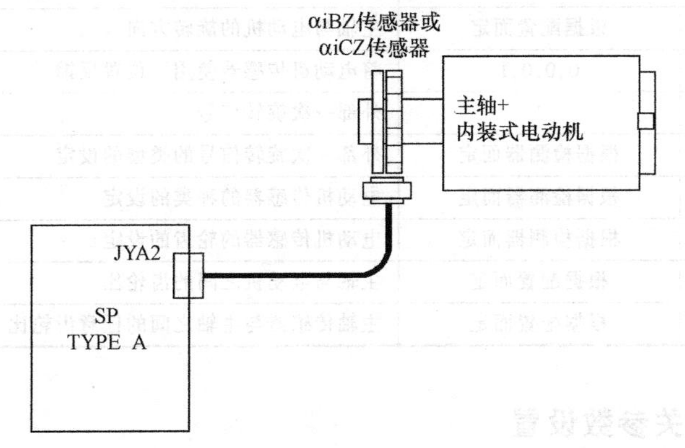

图 7-2-7　使用电主轴的结构

本结构必须要设定的参数见表 7-2-7。

表 7-2-7　使用电主轴的结构必须要设定的参数

参　数	设 定 值	内　容
4000#0	0	主轴与电动机的旋转方向
4002#3,2,1,0	0,0,1,0	将电动机传感器使用于位置反馈
4010#2,1,0	0,0,1	在电动机传感器中使用 αiMZ 传感器、αiBZ 传感器、αiCZ 传感器
4011#2,1,0	根据检测器而定	电动机传感器的轮齿的设定
4056~4059	100or1000	主轴与电动机之间的齿轮比为 1∶1

(5) 使用接近开关的结构

当主轴只需要进行定向准停控制等要求不高的位置控制时，若主轴电动机采用的是无零位脉冲的 αiM 型磁性编码器，也可以通过在主轴上安装接近开关代替编码器的零位脉冲信号来实现定向准停功能，控制系统的结构如图 7-2-8 所示。

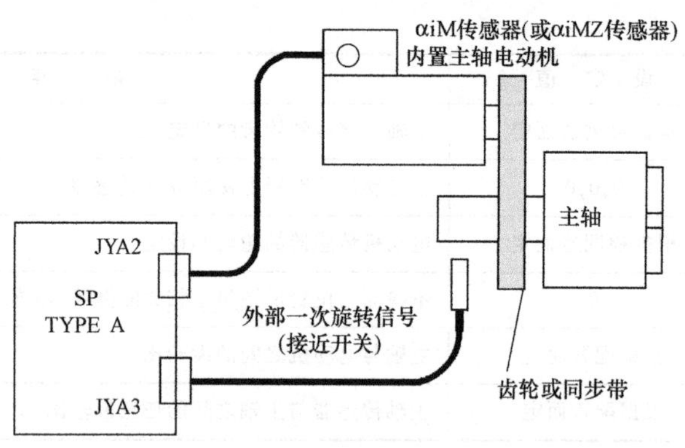

图 7-2-8 使用接近开关的结构

本结构必须要设定的参数见表 7-2-8。

表 7-2-8 使用接近开关的结构必须要设定的参数

参 数	设 定 值	内 容
4000#0	根据配置而定	主轴与电动机的旋转方向
4002#3,2,1,0	0,0,0,1	将电动机传感器使用于位置反馈
4004#2	1	外部一次旋转信号
4010#3	根据检测器而定	外部一次旋转信号的类型的设定
4010#2,1,0	根据检测器而定	电动机传感器的种类的设定
4011#2,1,0	根据检测器而定	电动机传感器的轮齿的设定
4056~4059	根据配置而定	主轴与电动机之间的齿轮比
4171~4174	根据配置而定	主轴传感器与主轴之间的任意齿轮比

三、编码器相关参数设置

1. 串行主轴控制系统的参数配置

确定串行主轴控制系统的结构与要求后，可以根据表 7-2-9 的参数进行配置。

表 7-2-9 串行主轴控制系统的参数配置

<table>
<tr><th>参数号</th><th>代号</th><th>意 义</th><th>说 明</th></tr>
<tr><td>4000. 0</td><td>ROTA1</td><td>主轴与电动机的旋转方向</td><td>0:相同; 1:相反</td></tr>
<tr><td>4001. 4</td><td>SSDIRC</td><td>主轴与位置编码器的旋转方向</td><td>0:相同; 1:相反</td></tr>
<tr><td>4002. 0</td><td>SSTYP0</td><td rowspan="4">外置式位置编码器类型选择(与驱动器的JYA3、JYA4 连接的编码器规格)</td><td rowspan="4">0000:无位置检测编码器
0001:使用电动机内置编码器
0010:外置式 αi 型光电编码器
0011:外置式 αiBZ、αiCZ 磁性编码器
0010:外置式 α 位置编码器 S</td></tr>
<tr><td>4002. 1</td><td>SSTYP1</td></tr>
<tr><td>4002. 2</td><td>SSTYP2</td></tr>
<tr><td>4002. 3</td><td>SSTYP3</td></tr>
<tr><td>4003. 4</td><td>PCTYPE</td><td rowspan="4">外置式位置编码器规格选择(与驱动器的JYA3、JYA4 连接的编码器规格)
1) αiM、αiMZ、αiBZ、αiCZ 磁性编码器设定每转输出的正弦波信号周期数(λ/r)
2)使用内置式编码器时,设定 0000
3)使用其他形式编码器时参数设定为0000,每转输出的正弦波信号周期数由参数4361 设定</td><td rowspan="4">0000:256λ/r 的磁性编码器或正弦波信号周期数由参数 4361 设定;
0001:128λ/r 的磁性编码器
0100:512λ/r 的磁性编码器
0101:64λ/r 的磁性编码器
1000:768λ/r 的磁性编码器
1001:1024λ/r 的磁性编码器
1100:384λ/r 的磁性编码器</td></tr>
<tr><td>4003. 5</td><td>PCPL0</td></tr>
<tr><td>4003. 6</td><td>PCPL1</td></tr>
<tr><td>4003. 7</td><td>PCPL2</td></tr>
</table>

（续）

参数号	代号	意　义	说　明
4004.2	EXTRF	零位脉冲的输入形式选择	0:编码器零脉冲；1:接近开关输入
4004.3	RFTYPE	接近开关作为零位脉冲时的信号形式	0:上升沿有效；1:下降沿有效
4006.1	GRUNIT	齿轮比参数 4056~4059 的单位选择	0:0.01；1:0.001
4007.5	PCLS	编码器断线检测功能选择	0:生效；1:无效
4007.6	PCALCH	位置反馈报警功能选择	0:生效；1:无效
4010.0	MSTYP0	电动机内置式位置检测编码器类型选择（与驱动器的 JYA2 连接的编码器类型）	000:αiM 型磁性编码器 001:αiMZ、αiBZ、αiCZ 磁性编码器
4010.1	MSTYP1		
4010.2	MSTYP2		
4011.0	VDT1	电动机内置式磁性编码器规格选择（与驱动器的 JYA2 连接的编码器规格） 1）αiM、αiMZ、αiBZ、αiCZ 磁性编码器设定每转输出的正弦波信号周期数（λ/r） 2）使用其他形式编码器时参数设定为 0000，每转输出的正弦波信号周期数由参数 4334 设定 3）标准电动机的内置式磁性编码器规格可参见表 7-2-10	000:64λ/r 的磁性编码器或正弦波信号周期数由参数 4334 设定： 001:128λ/r 的磁性编码器 010:256λ/r 的磁性编码器 011:512λ/r 的磁性编码器 100:192λ/r 的磁性编码器 101:384λ/r 的磁性编码器
4011.1	VDT2		
4011.2	VDT3		
4016.5	RFCHK1	Cs 轴控制的位置检测报警	0:生效；1:无效
4016.6	RFCHK2	螺纹加工时的位置检测报警	0:生效；1:无效
4016.7	RFCHK3	零位脉冲检测功能的选择	0:仅进行第一次检测 1:每次转换方式均需要检测
4056	HIGH	传动级 1（高速档）的变速比（电动机到主轴）	参数 4006.1=0:设定值=100×（电动机转速）/（主轴转速） 参数 4006.1=1:设定值=1000×（电动机转速）/（主轴转速）
4057	M-HIGH	传动级 2（准高速档）的变速比（电动机到主轴）	
4058	M-LOW	传动级 3（中速档）的变速比（电动机到主轴）	
4059	LOW	传动级 4（低速档）的变速比（电动机到主轴）	
4098	—	进行位置检测的主轴最高转速设定	设定 0:可以检测电动机最高转速
4171	—	速度检测编码器与主轴的传动比（DMR 设定）： 分母 P=编码器转速 分子 Q=主轴转速 设定 0:视为 1	高速档（CTH1=0）传动比分母 P
4172	—		高速档（CTH1=0）传动比分子 Q
4173	—		中、低速档（CTH1=0）传动比分母 P
4174	—		中、低速档（CTH1=0）传动比分母 P
4334	—	内置式磁性编码器规格（每转输出的正弦波信号周期数（λ/r））	0:参数 4011.2~4011.0 的设定有效 32~4096:特殊的磁性编码器每转输出的正弦信号周期数
4361	—	外置式磁性编码器规格（每转输出的正弦波信号周期数（λ/r））	0:参数 4003.7~4003.4 的设定有效 32~4096:特殊的磁性编码器每转输出的正弦信号周期数
4500	—	当主轴与外置式位置编码器之间采用“非 1:1 连接”时，设定外置式位置编码器与主轴之间的变速比调整系数	传动级 1、2 的变速比分母（编码器转速）
4501	—		传动级 1、2 的变速比分子（主轴转速）
4502	—		传动级 3、4 的变速比分母（编码器转速）
4503	—		传动级 3、4 的变速比分子（主轴转速）

2. 串行主轴内置式磁性编码器规格

αi/αHVi、αiP/αHViP，βi 系列主轴电动机的标准内置式编码器为 αiM、αiMZ 系列正弦波输出磁性编码器，两者除 αiM 无零位脉冲检测信号输出外，其余性能都相同。

标准订货的主轴电动机内置编码器的规格相对统一，它们只与电动机的基座号相关，见表7-2-10，表中的测量分辨率是指正弦波信号经过细分后的输出脉冲数。

表7-2-10 主轴电动机内置编码器的规格

电动机规格	编码器正弦波信号输出/(λ/r)	编码器测量分辨率/(脉冲/转)
α0.5i	64	2048
α1i～α3i、β3i/β6i	128	2048
α6i～α60i、β8i/β12i	256	4096

四、案例分析

某数控铣床配置有FANUC串行主轴，主轴电动机型号：FANUC-αiI 3/10000，主轴采用内置式αiM系列磁性编码器（速度检测），主轴与电动机的传动为1∶1的1级同步传动带连接，减速比为2∶1。主轴参数设置需满足以下技术要求：

1）主轴电动机的最高、最低钳制转速设置：最高9000r/min，最低50r/min。

2）设备换档采用M型换档（B型）：要求三级档位最高转速分别为2000r/min、4000r/min、8000r/min，档位1转换为档位2的转速为1200r/min、档位2转换为档位3的转速为3000r/min。

3）设定过程见表7-2-11。

表7-2-11 案例主轴参数设定表

参数	设定值	意 义	说 明
3716#0	1	主轴放大器的种类选择	0:使用模拟主轴 1:使用串行主轴
3717	1	各主轴的主轴放大器号设定	0:放大器没有连接 1:使用连接1号放大器的主轴电动机 2:使用连接2号放大器的主轴电动机
3735	20	主轴电动机的最低钳制速度	$设定值=\frac{主轴电动机的下限转速}{主轴电动机的最高转速}\times 4095$
3736	3685	主轴电动机的最高钳制速度	$设定值=\frac{主轴电动机的上限转速}{主轴电动机的最高转速}\times 4095$
3706#4	0	主轴换档方式选择	0:M型;1:T型
3705#2	1	齿轮切换方式	0:方式A;1:方式B
3741	2000	第1档主轴最高转速	
3742	4000	第2档主轴最高转速	
3743	8000	第3档主轴最高转速	
3751	491	主轴电动机1～2档换档转速	$设定值=\frac{齿轮切换点的主轴电动机转速}{主轴电动机的最高转速}\times 4095$
3752	1228	主轴电动机2～3档换档转速	$设定值=\frac{齿轮切换点的主轴电动机转速}{主轴电动机的最高转速}\times 4095$
3772	10000	主轴的上限转速	
4000.0	0	主轴与电动机的旋转方向	0:相同；1:相反
4001.4	0	主轴与位置编码器的旋转方向	0:相同；1:相反
4002.0	0	外置式位置编码器类型选择(与驱动器的JYA3、JYA4连接的编码器规格)	0000:无位置检测编码器 0001:使用电动机内置编码器 0010:外置式αi型光电编码器 0011:外置式αiBZ、αiCZ磁性编码器 0010:外置式α位置编码器S
4002.1	0		
4002.2	0		
4002.3	0		

（续）

参数	设定值	意　义	说　明
4010.0	0	电动机内置式位置检测编码器类型选择（与驱动器的JYA2连接的编码器类型）	000：αiM型磁性编码器 001：αiMZ、αiBZ、αiCZ磁性编码器
4010.1	0		
4010.2	0		
4011.0	0	电动机内置式磁性编码器规格选择（与驱动器的JYA2连接的编码器规格） 1）αiM、αiMZ、αiBZ、αiCZ磁性编码器设定每转输出的正弦波信号周期数（λ/r） 2）使用其他形式编码器时参数设定为0000，每转输出的正弦波信号周期数由参数4334设定 3）标准电动机的内置式磁性编码器规格可参见表7-2-10	000：64λ/r的磁性编码器或正弦波信号周期数由参数4334设定： 001：128λ/r的磁性编码器 010：256λ/r的磁性编码器 011：512λ/r的磁性编码器 100：192λ/r的磁性编码器 101：384λ/r的磁性编码器
4011.1	0		
4011.2	1		
4056	0	传动级1（高速档）的变速比（电动机到主轴）	参数4006.1=0：设定值=100×（电动机转速）/（主轴转速） 参数4006.1=1：设定值=1000×（电动机转速）/（主轴转速）
4057	2	传动级2（准高速档）的变速比（电动机到主轴）	
4058	0	传动级3（中速档）的变速比（电动机到主轴）	
4059	0	传动级4（低速档）的变速比（电动机到主轴）	
4171	—	速度检测编码器与主轴的传动比（DMR设定）： 分母P=编码器转速 分子Q=主轴转速 设定0：视为1	高速档（CTH1=0）传动比分母P
4172	—		高速档（CTH1=0）传动比分子Q
4173	—		中、低速档（CTH1=0）传动比分母P
4174	—		中、低速档（CTH1=0）传动比分母P
4334		内置式磁性编码器规格（每转输出的正弦波信号周期数（λ/r））	0：参数4011.2~4011.0的设定有效；32~4096：特殊的磁性编码器每转输出的正弦信号周期数
4133	308	设定主轴电动机代码	查表
4019#7	1	电动机初始化位	

任务实施

现有实训设备数控系统为0i-TD系统，主轴电动机型号为βi3/10000，主轴电动机最高转速为10000r/min，主轴电动机与主轴传动比为1∶1。主轴最高钳制转速为6000r/min，只有1档调速，由系统实现主轴速度和方向控制，分析速度控制运行方式的物理连接和参数设定情况。主轴放大器与主轴电动机反馈连接示意图如图7-2-2所示。

一、参数设置

查阅相关资料并结合实际设备，完成表7-2-12主轴速度控制参数设置。

表7-2-12　主轴速度控制参数设置

参　数　号	含　　义	设　定　值
3741		
3772		
4020		

（续）

参数号	含义	设定值
4133		
3706#6		
3706#7		
3716#0		
3717		
8133#5		

二、利用梯形图监控主轴速度控制信号

1. 手动方式

在手动方式下，按主轴正转按键，多按几次SYSTEM，单击【PMCMNT】、【信号】，观察信号 G70.5 的状态，按住主轴反转，观察信号 G70.5 的状态。

2. 自动方式

1）在 MDI 方式下，编写程序 M03 S500；M04；M05；N02。

2）选择单段方式，按循环起动功能按键，主轴正转时，多按几次SYSTEM，单击【PMCMNT】、【信号】，观察信号 G70.5、G29.6、G71.1 的状态。

3）主轴反转时，多按几次SYSTEM，单击【PMCMNT】、【信号】，观察信号 G70.4、G29.6、G71.1 的状态。

4）主轴停止时，多按几次SYSTEM，单击【PMCMNT】、【信号】，观察信号 G70.5、G70.4 的状态。

将数据填入表 7-2-13 信号状态。

表 7-2-13 信号状态

方式 \ 信号		G70.4	G70.5	G29.6	G71.1
手动方式					
自动方式	主轴正转				
	主轴反转				
	主轴停止				

三、参数的修改对主轴控制的影响

1）设定参数 3741 为 0，按照自动方式运行程序，主轴会有何种转状态，为什么？

2）设定参数 8133#5 为 0，按照自动方式运行程序，主轴又会有何种转状态，为什么？

填写任务评价表见表 7-2-14。

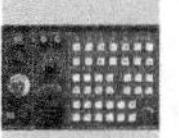

表 7-2-14　任务评价表

产品类型	所连接实验台规格
系统型号	
机床型号	
任务评价结果	
主轴速度控制参数设置	
信号监控	

思考题

1. 磁性传感器的工作原理是什么？

2. 某加工中心配置 FANUC 串行主轴，主轴系统的结构如图 7-2-2 所示，主要技术要求如下：

主轴控制要求：速度、位置控制；

主轴电动机型号：FANUC-α8/8000i；

测量传感器：电动机内置式 αiMZ 型磁性编码器（速度、位置检测）；

主轴与电动机的传动比形式：1 级同步传动带减速连接，减速比为 1∶1；

请进行串行主轴的主要参数配置。

项目八　参考点的调整

项目描述

机床参考点是用于对机床运动进行检测和控制的固定位置点。机床参考点的位置是由机床制造厂家在每个进给轴上用限位开关精确调整好的，坐标值已输入数控系统中。因此参考点对机床原点的坐标是一个已知数。数控机床开机时，必须先确定机床原点，即刀架返回参考点的操作，只有机床参考点被确认后，刀具（或工作台）移动才有基准。本项目主要介绍数控机床参考点的含义、作用和设置方法。

项目重点

1. 了解数控机床参考点的含义和作用。
2. 掌握参考点的设置方法。

任务一　使用挡块返回参考点

任务目标

1. 熟悉使用挡块返回参考点相关参数的设置。
2. 掌握使用挡块返回参考点的方法步骤。

相关知识

一、参考点介绍

机床回参考点功能是全功能数控机床建立机床坐标系的必要手段，参考点可以设在机床坐标行程内的任意位置（一般由机床制造厂家设定）。

在数控机床上需要对刀具运动轨迹的数值进行准确控制，所以要对数控机床建立坐标系。标准坐标系是右手直角笛卡儿坐标系，它规定直角坐标 X、Y、Z 三者的关系及其正方向用右手定则判定；围绕 X、Y、Z 各轴的回转运动及其正方向 +A、+B、+C 分别用右螺旋法则判定，如图 8-1-1 所示。

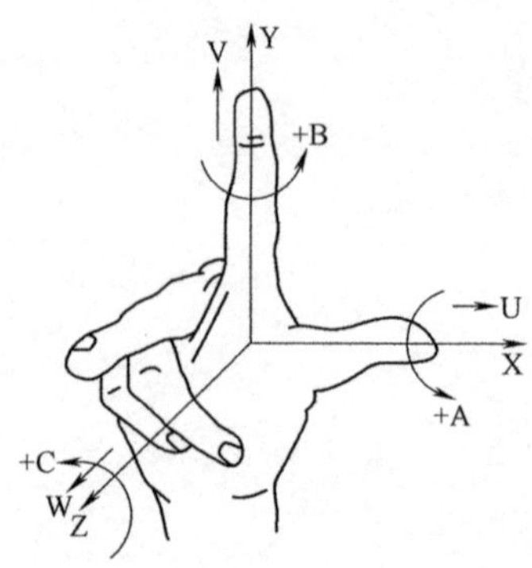

图 8-1-1　右手直角笛卡儿坐标系

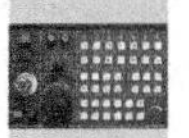

1）数控车床坐标系的确定如图 8-1-2 所示。

Z 轴坐标：由传递切削动力的主轴确定，平行于主轴轴线，一般 Z 轴的正方向为远离主轴的方向。

X 轴坐标：沿工件的径向且平行于横向导轨，一般 X 轴的正方向为远离工件旋转中心的方向。

2）数控铣床、加工中心坐标系的确定，如图 8-1-3 所示。

Z 轴坐标：由传递切削动力的主轴确定，平行于主轴轴线，一般 Z 轴的正方向为远离工件的方向。

X 轴坐标：是水平的，一般平行于工件的装夹表面，X 轴的正方向由右手直角笛卡儿坐标系判定。

Y 轴坐标：由右手直角笛卡儿坐标系来判定。

机床回完参考点后，机床坐标系就已建立，参考点通常是坐标系中的某一点，该点不一定是坐标原点。此时，各种补偿以及偏置生效，机床轴才能根据程序的命令走出正确的坐标值。机床返回参考点最重要的作用是保证机床始终在统一的机床坐标系下工作，从而使机床每天加工同一工件都不需要重新设定工件零点及刀具补偿等。

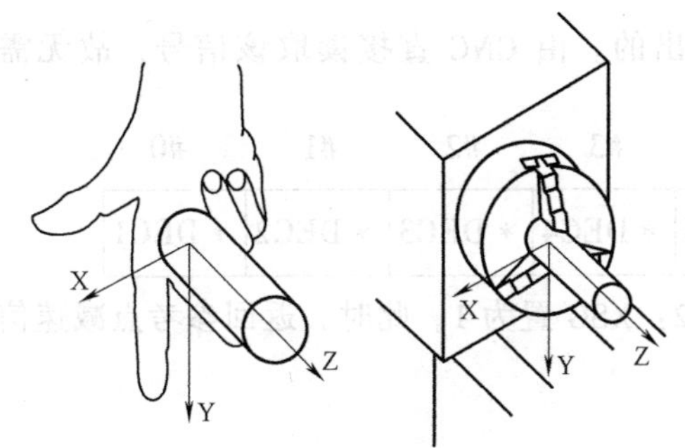

图 8-1-2　数控车床坐标系的确定

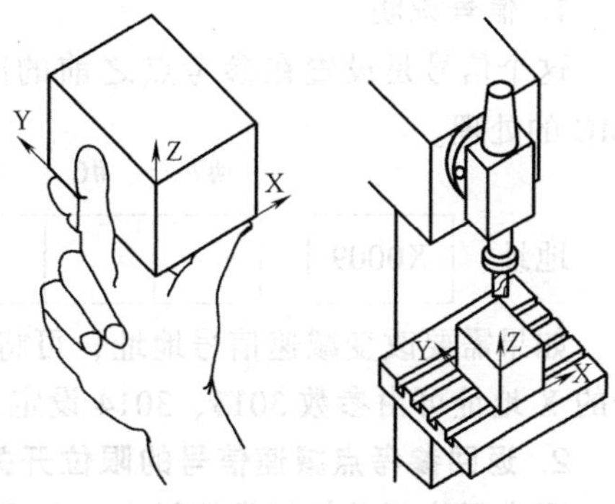

图 8-1-3　数控铣床、加工中心坐标系的确定

图 8-1-4 所示为斜床身型数控车床。R 点为参考点，是车床刀架每次返回参考点后的停留位置，参考点可因机床不同而不同，但同一台机床的参考点在制造时就会确定下来，一般

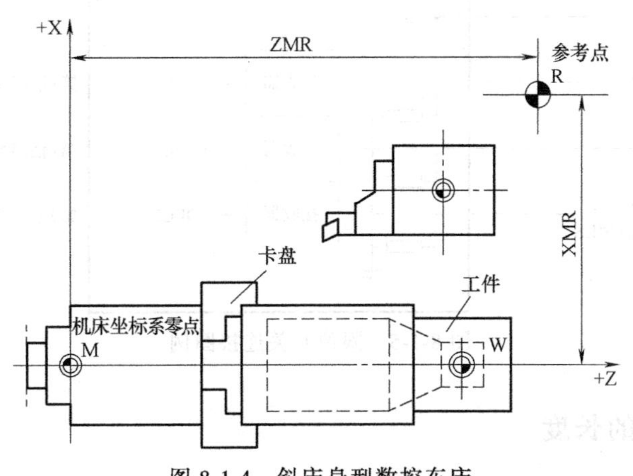

图 8-1-4　斜床身型数控车床

不会更改。M 点为机床坐标系零点，是参考点返回后确定的，即依据参考点 R 的坐标值（X=XMR，Z=ZMR）推算来确定，一般不会更改。W 点为某一工件的工件坐标系零点，一般各种工件的工件零点各不相同。

对于安装了绝对值编码器作位置反馈的机床，由于绝对值编码器具有记忆功能，无需每次开机都进行回参考点操作。而大多数的数控机床则使用增量值编码器作位置反馈，重新开机后的第一件事，便是进行回参考点操作，建立坐标系，以避免因此而引起的撞刀现象。

返回参考点的主要方法有“有挡块方式参考点返回”和“无挡块参考点的设定”，另外还有“对准标记设定参考点”和“撞块式回参考点”等方法。一般情况下，“有挡块方式参考点返回”方式采用增量式脉冲编码器，而其他几种采用绝对式脉冲编码器。

增量式脉冲编码器检测 CNC 电源接通后的移动量。由于 CNC 电源切断时机械位置丢失，因此电源接通后需进行回参考点。

绝对式脉冲编码器，即使 CNC 电源切断也仍能用电池工作，只要装机调试时设定好参考点，就不会丢失机械位置，所以可省去电源接通后再次返回参考点的操作。

二、返回参考点减速信号：＊DECx（Deceleration）

1. 信号说明

这个信号是设置在参考点之前的减速开关发出的。由 CNC 直接读取该信号，故无需 PMC 的处理。

		#7	#6	#5	#4	#3	#2	#1	#0
地址	X0009				＊DEC5	＊DEC4	＊DEC3	＊DEC2	＊DEC1

如果需要改变减速信号地址，可将参数 3008#2：XSG 置为 1。此时，返回参考点减速信号的 X 地址可由参数 3013、3014 设定。

2. 返回参考点减速信号的限位开关连接图例

通常限位开关使用常闭触点，如图 8-1-5 所示。在返回参考点方向快速移动过程中，当此信号变为 0 时，移动速度减速。此后则以参数 1425 设定的返回参考点 FL 速度，继续向参考点方向移动。

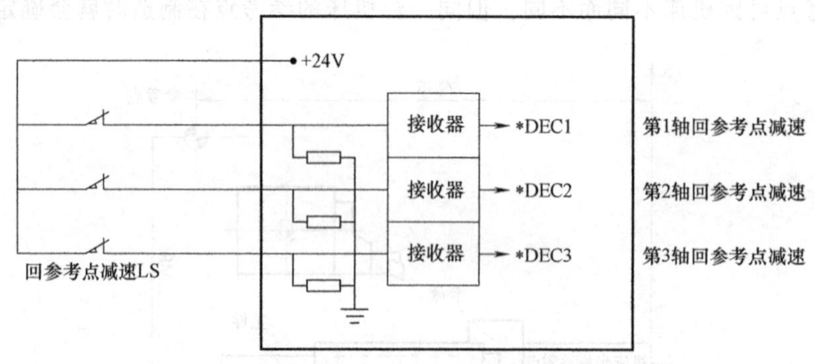

图 8-1-5 限位开关连接图例

三、减速挡块的长度

根据以下公式可计算返回参考点减速信号（＊DEC）用的挡块长度（保留 20% 的

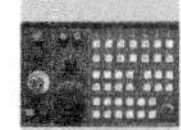

余量)：

$$挡块长度=\frac{快速移动速度\times(30+快速移动加减速时间常数/2+伺服时间常数)}{60\times1000}\times1.2$$

注意，如果挡块长度过短，参考点开始的位置可能以栅格为单位发生前后移动。上述计算公式用于快速移动直线型加减速的情况。快速移动指数函数型加减速时，快速移动加减速时间常数不除以 2。

例：某数控机床的相关参数如下：快速移动速度为 24000mm/min，快速移动直线型加减速时间常数为 100ms，伺服环增益（参数 1825）为 30/s。通过计算确定其挡块长度。

解：$伺服时间常数=\frac{1}{伺服环增益}=\frac{1}{30}\text{s}=33\text{ms}$

$$挡块长度=\frac{24000\times(30+100/2+33)}{60\times1000}\times1.2\text{mm}\approx54\text{mm}$$

考虑到以后可能会加大时间常数，所以确定挡块长度为 60~70mm。

任务实施

一、参数设定

1）设定返回参考点使用减速挡块。

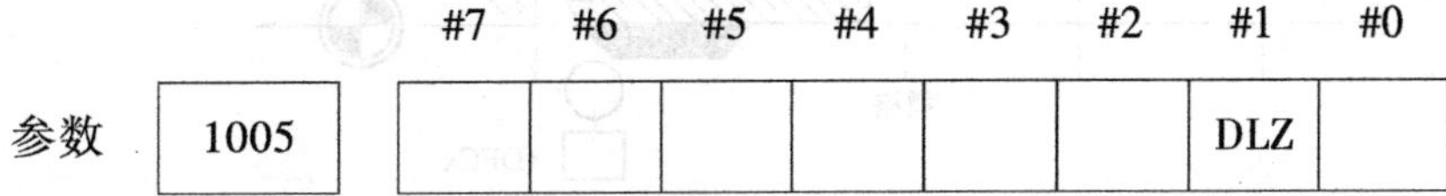

参数		#7	#6	#5	#4	#3	#2	#1	#0
参数	1005							DLZ	

#1：DLZ　0：返回参考点使用挡块方式。

1：返回参考点不使用挡块方式。

2）设定返回参考点的方向。

参数		#7	#6	#5	#4	#3	#2	#1	#0
参数	1006			ZMI					

#5：ZMI　0：返回参考点方向为正向。

1：返回参考点方向为负向。

3）返回参考点减速信号（＊DEC）输入后，设定返回参考点的低速进给速度（FL)。

参数	1425	返回参考点的 FL 速度　[mm/min]

二、使用挡块返回参考点设定步骤

1）选择手动连续进给方式，使机床离开参考点，如图 8-1-6 所示。

2）按机床操作面板的[图标]键，选择手动进给方式。

3）选择快速进给倍率[100%]。

4）按机床操作面板的[X][Y][Z]键，选择相应返回参考点的轴。

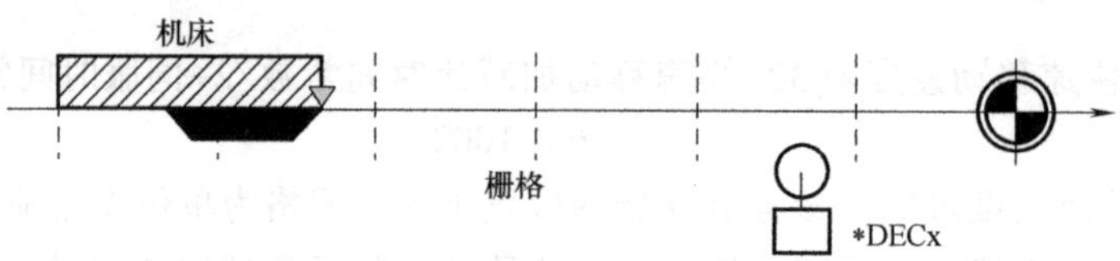

图 8-1-6 机床离开参考点

5）按机床操作面板的正方向手动进给[+]键，发出返回参考点方向移动的指令，使轴向参考点方向以快速进给的速度移动，如图 8-1-7 所示。

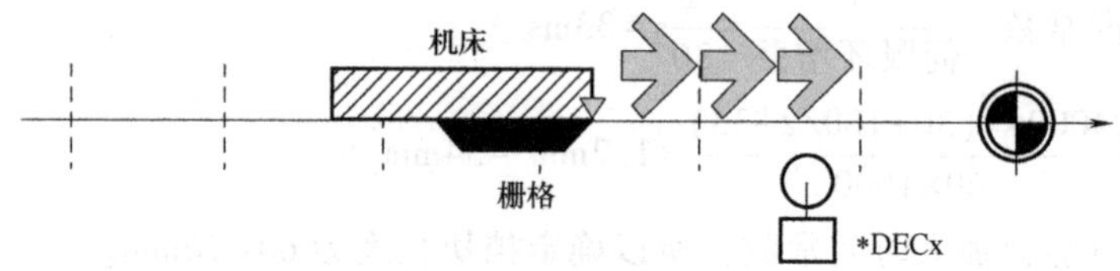

图 8-1-7 轴向参考点移动

6）返回参考点减速信号（＊DECx）变为 0 时，轴以参数 1425 的 FL 速度减速移动，如图 8-1-8 所示。

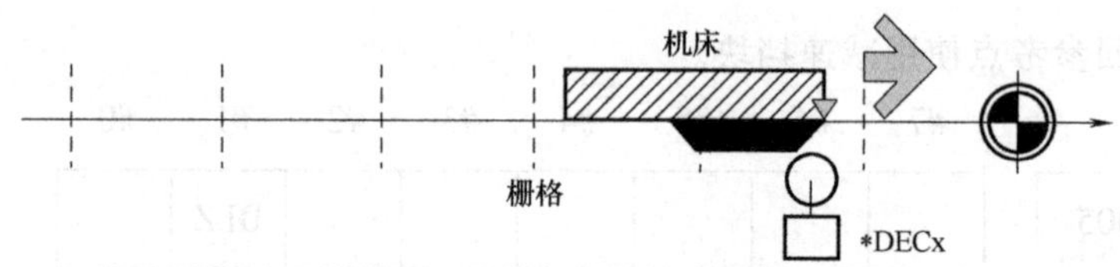

图 8-1-8 轴以 FL 速度减速移动

7）返回参考点减速信号（＊DECx）变回 1 后，轴继续移动，如图 8-1-9 所示。

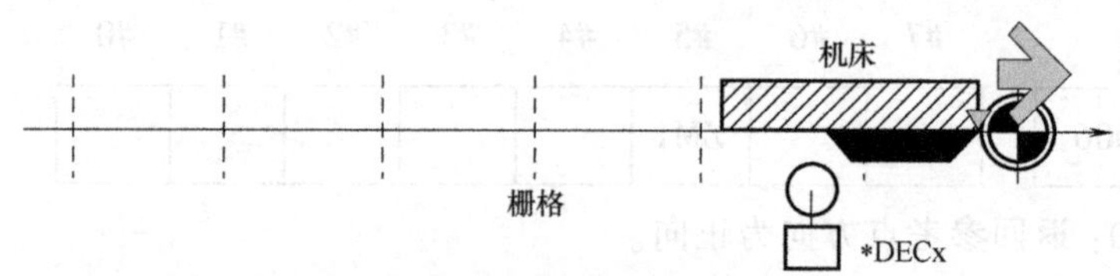

图 8-1-9 轴继续移动

8）然后，轴停在第一个栅格上，机床操作面板上的返回参考点完毕指示灯点亮，如图 8-1-10 所示。

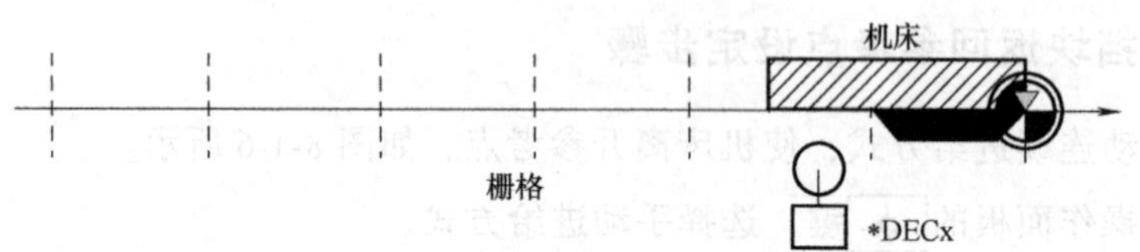

图 8-1-10 轴停在第一个栅格上

此时，参考点确立信号（ZRFx）变为 1。

三、微调参考点位置

从使用挡块返回参考点操作图示过程可以看出，通过改变回参考点减速挡块的安装位置，可以栅格单位修改参考点位置。1栅格内的位置微调，可以用栅格偏移功能（参数1825）进行。下面讲述一下微调参考点位置的步骤。

1）使机床回到参考点（此位置作为临时原点）。

2）按功能键[POS]数次，显示相对坐标画面（见图8-1-11）。

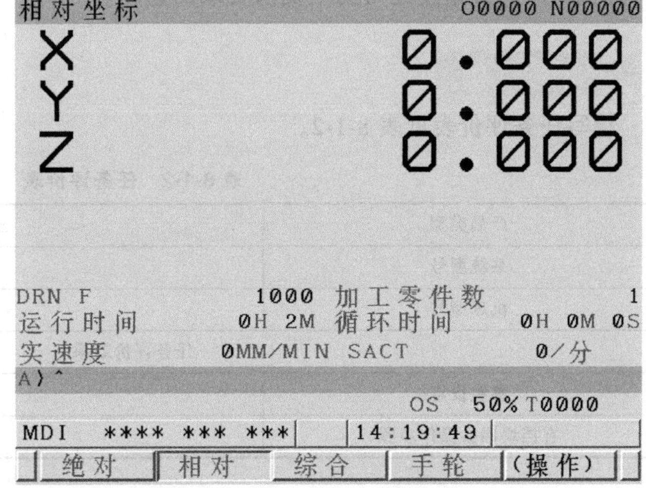

图 8-1-11　相对坐标画面

3）按以下顺序操作［(操作)］［归零］［所有轴］软键，将相对坐标值归零。

4）一边观察机床的位置，一边用手轮进给把轴移动到希望的参考点。

5）读取相对坐标值。

6）在参数中设定栅格偏移量。

参数	1850	各轴栅格偏移量　[检测单位]

如果已经设定了栅格偏移量。设定参数值时，使用软键[+输入]比较方便。对于车床用直径指定的轴，需要注意画面上显示实际移动量2倍的值。

7）切断电源。

8）接通电源。

9）再次回参考点，确认参考点位置是否正确。

10）最后微调挡块的安装位置。

在参考点前大约1/2栅格的位置进行调整，使返回参考点减速信号（*DEC）恢复原状。

进入诊断画面，根据诊断302号，可以确认在脱开减速挡块后至第一个栅格（参考点）的距离。

四、返回参考点训练（使用挡块回参方式）

要求返回参考点的速度为2500mm/min，碰到挡块后的FL速度为300mm/min。

1）将相关参数设置填入表8-1-1中。

表 8-1-1　参数设置

参数号	设置值	功能
1005#1		
1815#5		
1006#5		

2）依次选择返回参考点方式、Z 轴和+方向，观察屏幕显示，验证返回参考点的速度和碰到挡块后的 FL 速度是否为上面所要求的速度。

任务评价

填写任务评价表见表 8-1-2。

表 8-1-2 任务评价表

产品类型	所连接实验台规格
系统型号	
机床型号	
任务评价结果	
参数设定	
有挡块回参操作步骤	

思考题

1. 若两次回参考点实际位置不同，可能由哪些原因造成？

2. 某数控机床的相关参数如下：快速移动速度 18000mm/min，快速移动直线型加减速时间常数为 120ms，伺服环增益（参数 1825）为 25/s。通过计算确定其挡块长度。

任务二 无挡块返回参考点

任务目标

1. 熟悉无挡块返回参考点相关参数的设置。

2. 掌握使用无挡块返回参考点的方法步骤。

相关知识

无挡块返回参考点是一种不需要减速开关的手动回参考点方式，在返回参考点时无快速运动动作，而是直接以参考点减速速度寻找最近的第一个编码器零位脉冲作为参考点，因此，参考点的位置可以任意设定。

无减速开关回参考点方式的参考点位置不固定，将给机床坐标系、行程限位等参数的设定带来影响，因此，习惯上用于带绝对值编码器的进给系统。它在机床调试时设定参考点的位置后，在正常使用时不再需要回参考点操作。

任务实施

一、参数设定

1）设定以下参数，选择使用无挡块方式参考点设定。

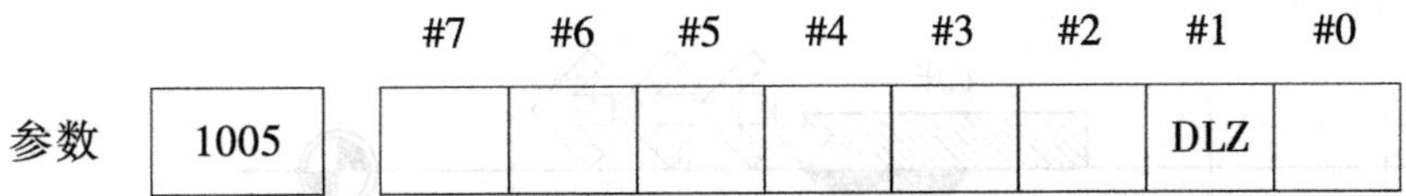

		#7	#6	#5	#4	#3	#2	#1	#0
参数	1005							DLZ	

#1：DLZ　0：返回参考点使用挡块方式。

　　　　　1：返回参考点不使用挡块方式。

2）设定以下参数，使用绝对脉冲编码器功能。

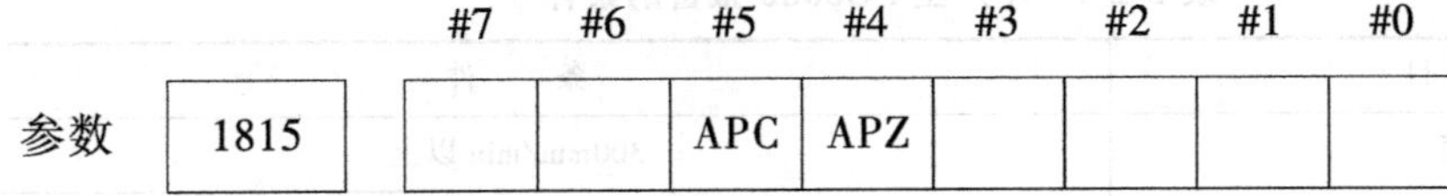

		#7	#6	#5	#4	#3	#2	#1	#0
参数	1815			APC	APZ				

#5：APC　0：使用增量式脉冲编码器。

　　　　　1：使用绝对式脉冲编码器。

#4：APZ　0：绝对脉冲编码器原点位置未确立。

　　　　　1：绝对脉冲编码器原点位置已确立。

3）设定返回参考点的方向。

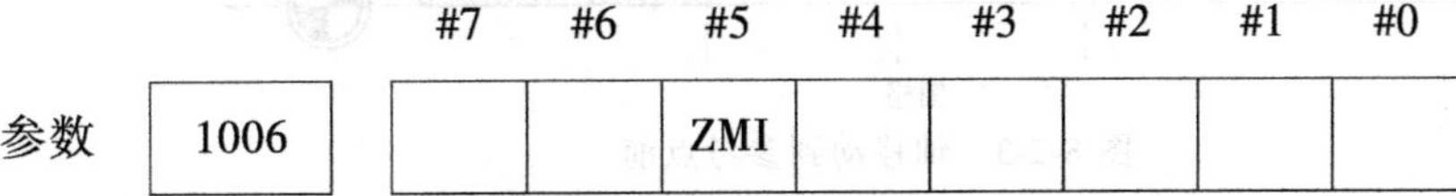

		#7	#6	#5	#4	#3	#2	#1	#0
参数	1006			ZMI					

#5：ZMI　0：返回参考点方向为正向。

　　　　　1：返回参考点方向为负向。

4）返回参考点减速信号（＊DEC）输入后，设定返回参考点的低速进给速度（FL）。

参数	1425	返回参考点的 FL 的速度　[mm/min]

二、无挡块返回参考点的设定步骤

1）接通电源，手动进给或手轮进给，使机床电动机转动 1 转以上的距离。

2）切断电源，再接通电源。

3）按机床操作面板的[WW]键，选择手动进给方式。

4）按机床操作面板的[X][Y][Z]键，选择相应返回参考点的轴。

5）使机床先离开参考点，如图 8-2-1 所示。

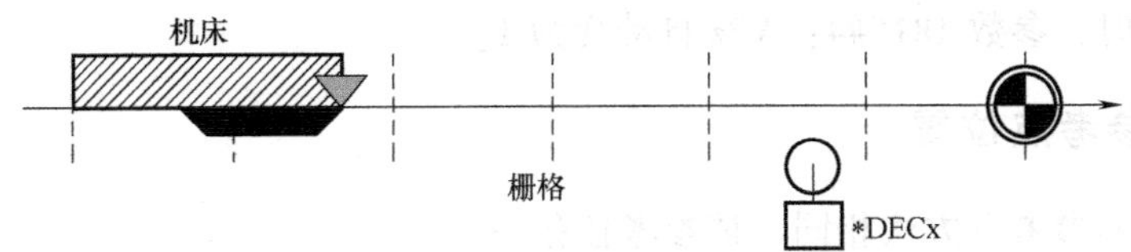

图 8-2-1　机床离开参考点

6）按手动进给按钮，使轴按 1006#5（ZMI）设定的返回参考点方向移动，如图 8-2-2 所示。

此时，如不满足表 8-2-1 所示的条件，会产生 PS0090 报警。

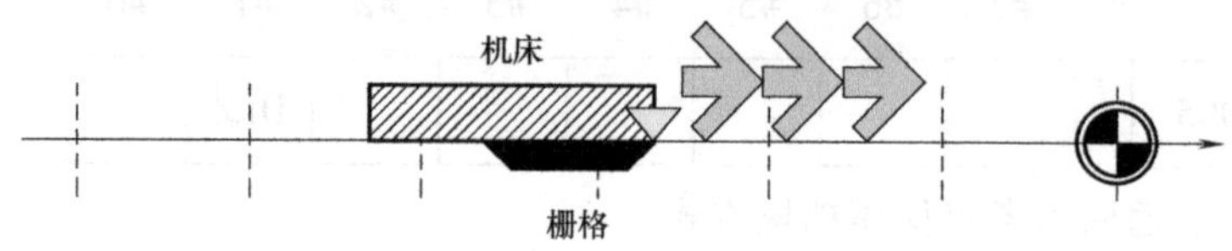

图 8-2-2 返回参考点方向移动

表 8-2-1 不产生 PS0090 报警的条件

项　目	条　件
速度	300mm/min 以上
方向	参数 1006#5 设定的方向
距离	电动机转动 1 转以上

7）把轴移动到预定为参考点的位置之前，大约 1/2 栅格，如图 8-2-3 所示。

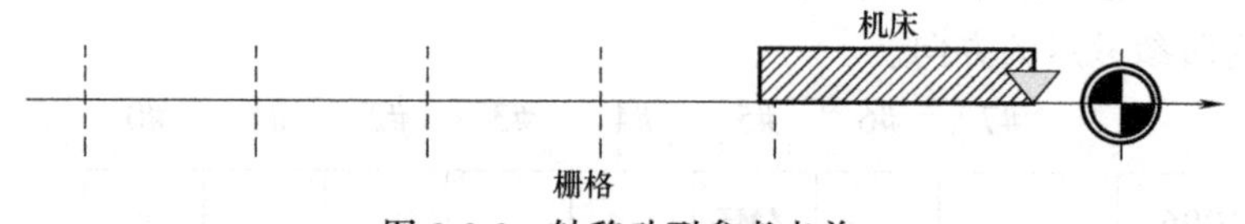

图 8-2-3 轴移动到参考点前

移动超过时，也可沿反方向返回。

8）按机床操作面板的键，选择返回参考点方式。

9）按机床操作面板的 X Y Z 键，选择相应返回参考点的轴。

10）按手动进给方向 + 按钮，以参数 1425 设定的返回参考点 FL 速度，使轴沿返回参考点方向移动。

11）到达参考点位置时，轴停止移动，返回参考点完成信号 ZPx 变为 1，如图 8-2-4 所示。

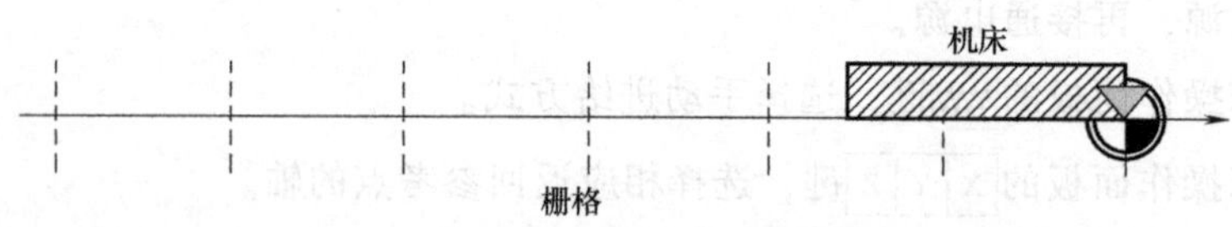

图 8-2-4 到达参考点位置

建立参考点时，参数 1815#4：APz 自动变为 1。

三、微调参考点位置

与使用挡块回参考点方法相同，请参考任务一。

四、返回参考点训练（无挡块回参方式）

要求机床无挡块回参考点，首次返回参考点的速度是 300mm/min，再次返回参考点的速度是 2600mm/min。

1）将参数设置填入表 8-2-2 中。

表 8-2-2　参数设置

参数号	设置值	功能
1425		
1428		
1005#1		
1815#5		
1815#4		
1006#5		

2）NC 重新上电。

3）在 JOG 方式下，使 Z 轴往正方向移动到靠近所设置的参考点的位置。

4）依次选择回参方式、Z 轴、+方向，观察屏幕显示，验证首次返回参考点的速度是否为 300mm/min。

5）验证再次返回参考点的速度为 2600mm/min。

任务评价

填写任务评价表见表 8-2-3。

表 8-2-3　任务评价表

产品类型	所连接实验台规格
系统型号	
机床型号	
任务评价结果	
参数设定	
无挡块回参操作步骤	

思考题

1. 无挡块回参考点对编码器有何要求，一般这种方式有何特点？
2. 试述 PS0090 报警的原因。

项目九　通电与运转方式

项目描述

数控机床通电试车，一般先对各部件分别供电，再做全面供电试验。通电后，首先观察数控机床有无报警故障，然后用手动方式运行各部件，并检查安全装置是否起作用、能否正常工作、能否达到额定的工作指标。本项目主要介绍数控机床通电试车的一般流程及功能调试。

项目重点

1. 熟悉数控机床通电检查规程。
2. 掌握数控机床手动连续进给调试。
3. 掌握数控机床手轮功能调试。

任务一　通电回路检查

任务目标

1. 熟悉通电回路检查的顺序。
2. 学会通电回路检查。

相关知识

在设备基本状况、CNC 连接检查确认无误后，可以首先进行 CNC 控制系统强电线路的检查、调试。CNC 通电控制电路的调试可分为通电检查、手动旋转试验、I/O 连接检查、安全电路确认。

一、通电检查

通电检查的主要目的是检查设备的强电回路及控制回路的情况，是否存在短路、断路及器件选择不正确的情况。以图 9-1-1 为例，通电检查可以按照以下步骤进行。

1）将 CNC、驱动器的主回路、控制回路的全部进线断路器断开（如图 9-1-1 中 QF1、QF2 等），使得 CNC、驱动器从强电回路脱离。

2）根据电气控制原理图的要求，依次设定、检查各断路器、热继电器等的保护电流值。

3）检查设备电源输入，并确认与电气控制原理图设计要求相符。如在图 9-1-1 中，L1、L2、L3 间电压为 AC380V。

4）合上总电源开关，按照电气控制原理图，逐页、依次测量并检查各电路连接点的电压，确认符合原理图的要求。如在图 9-1-1 中，QF2、QF4、QF5 的上端电压为 AC380V 等。

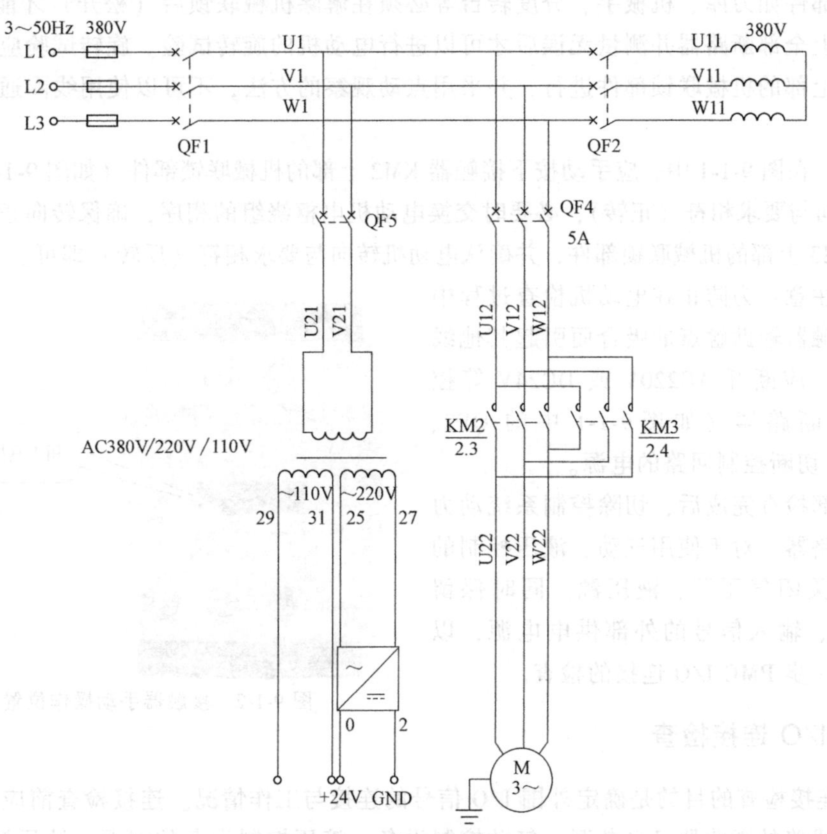

图 9-1-1　通电检查图例

5）按照电气控制原理图，逐页、依次合上各断路器，依次测量并检查各电路连接点的电压，确认符合原理图的要求。如在图 9-1-1 中，首先接通 QF4，检查接触器 KM2、KM3 上端 U12、V12、W12 间的电压为 AC380V。接通 QF5，检查变压器的一次电压为 AC380V，二次电压：29-31 为 AC110V，25-27 为 AC220，0-2 为 DC24V 等。

6）脱开 CNC、驱动器所有与外部强电控制回路连接的插接器，接通 CNC、驱动器的主回路、控制回路的进线断路器。

7）在 CNC、驱动器的插接器侧，利用与上述同样的方法测量所有与外部强电控制回路连接的插接器输入电压，确认输入电压正确，输出无短路。

8）合上电源总开关，连接全部 CNC、驱动器的插接器，检查 CNC、驱动器的电源显示状态是否正常。

特别注意：检查过程中如出现断路器跳闸或者不能合上的情况，表明相应的回路中存在短路，应立即检查对应线路，找出短路点，排除短路故障，然后才能进行下一步试验。

二、手动旋转试验

设备初次通电之前比较容易出现的问题就是相序不符合设备要求，手动旋转试验的目的是调整电动机的转向，确认辅助控制部件的工作情况。应特别注意，手动旋转试验只能是对允许自由旋转的部件与装置进行，如液压、冷却、润滑、排屑器、风机等；对于本身具有的机械联锁部件如刀库、机械手、分度转台等必须在解除机械联锁后（松开）才能进行试验。

在合上全部断路器并测量无误后才可以进行电动机的旋转试验。旋转试验应通过手动按下接触器上部的机械联锁部件进行，并采用点动观察的方法，不可以使用线圈通电的形式进行试验。

例如：在图 9-1-1 中，应手动按下接触器 KM2 上部的机械联锁部件（如图 9-1-2)，并确认电动机转向与要求相符（正转)，必要时交换电动机电枢绕组的相序，确保转向正确；然后手动按下 KM3 上部的机械联锁部件，并确认电动机转向与要求相符（反转）即可。

特别注意：为防止在电动机检查过程中出现因接触器辅助触点的吸合而引起其他线路的接通，应断开 AC220V 或 DC24V 等控制回路的断路器（如图 9-1-1 中的 QF2、QF5 等)，切断控制回路的电源。

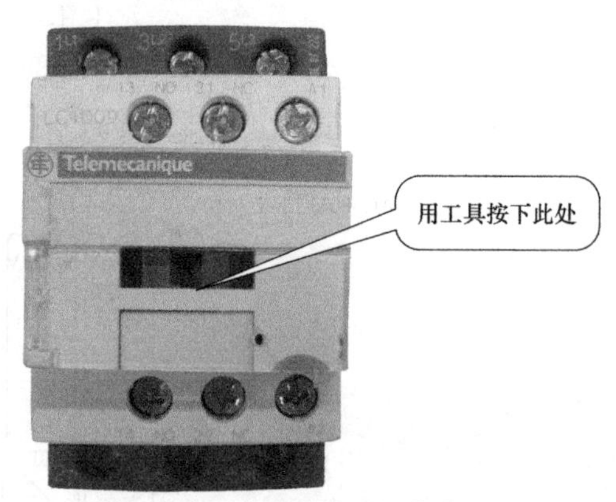

图 9-1-2　接触器手动操作位置图

在全部检查完成后，切除控制系统动力线路的断路器，对于使用气动、液压控制的设备，应关闭气压源、液压源。同时保留 CNC 电源、输入信号的外部供电电源，以便进行下一步 PMC I/O 连接的检查。

三、I/O 连接检查

I/O 连接检查的目的是确定外围 I/O 信号的连接与工作情况。连接检查前应该确认控制系统动力线路的断路器已经断开，气动控制设备、液压控制设备的气源、液压源已经关闭。然后，按照以下步骤进行 I/O 信号的检查。

1. 输入信号检查

输入信号的连接检查步骤如下：

1）确定全部输入信号的电源电压已经符合 PMC 输入信号的要求。

2）确认 PMC 等处于“停止”状态，并接通 CNC 的电源。

3）手动按压与 PMC 输入端连接的全部按钮、开关，通过 PMC 的状态诊断功能，确认信号的地址连接正确，且按钮与开关的发信正常。

4）对于接近开关类的检测信号输入，应利用其他发信装置（如螺钉旋具等）代替，确认信号地址与接近开关的动作。

2. 输出信号检查

输出信号的连接检查步骤如下：

1）确认全部输出点外部无短路，且输出点的外部电源电压已经符合 CNC、PMC 对应输出信号的要求。

2）确认 PMC 等外部装置已处于“停止”状态，且 CNC 的电源已经正常加入。

3）利用 PMC 的“强制输出”功能，可以通过对输出信号的强制 ON/OFF，检查输出端连接的执行元件动作情况与输出地址连接的正确性。

四、安全电路确认

安全电路是指用于设备紧急分断、安全保护等的保护电路，这部分电路必须由继电器—接触器等电磁动作元件组成。在 CNC 功能调试前，必须对线路中的安全电路的动作进行一一确认，保证控制系统的保护电路能够可靠地工作，真正起到安全保护的作用。

任务实施

根据通电检查、手动旋转试验、I/O 连接检查、安全电路确认的内容步骤，对如图 9-1-3 所示设备进行通电回路各部分的检查，确认其正确性。

图 9-1-3　通电检查设备例图

任务评价

填写任务评价表见表 9-1-1。

表 9-1-1　任务评价表

产品类型	所连接实验台规格
系统型号	
机床型号	
任务评价结果	
通电检查	
手动旋转试验	
I/O 连接检查	
安全电路确认	

思考题

1. 如果电源进线相序有误，会出现哪些现象？怎么恢复？
2. 试述通电检查的步骤，若出现电压不正常的现象，试分析是由哪些原因造成的。

任务二 手动连续进给调试

任务目标

1. 了解坐标轴运动的基本条件。
2. 熟悉手动连续（快速）进给相关参数的设置。
3. 掌握手动连续（快速）进给的速度控制。
4. 学会手动连续（快速）进给的基本调试步骤。

相关知识

一、坐标轴移动条件

CNC 的坐标轴移动需要具备一定的条件，这些条件包括 CNC 的基本工作状态、PMC 的控制信号和 CNC 的参数设定等。其中，CNC 的基本工作状态、PMC 的控制信号是坐标轴移动的基本控制条件，将直接影响动作的执行与否，而参数通常影响动作的准确性。

1. CNC 的基本工作状态

为了保证坐标轴的移动，CNC 必须处于如下工作状态：

1）CNC 内部软硬件无故障，CNC 通过自诊断（CNC 准备好信号 MA 为“1”）。

2）伺服驱动无故障，位置控制系统已经建立（伺服准备好信号 SA 为“1”）。

3）CNC 无报警（CNC 报警信号 AL 为“0”）。

4）CNC 的后备电池电压正常（CNC 报警信号 BAL 为“0”）。

2. PMC 的控制信号

为了保证坐标轴移动，PMC→CNC 的控制信号必须具备如下条件：

1）无外部急停输入（信号 *ESP 为“1”）。

2）无坐标轴“互锁”输入（信号 *IT、*ITn 为“1”）。

3）轴在指定方向的移动允许（信号+MITn、-MITn 为“0”）。

4）机床锁住输入无效（信号 MLK、MLKn 为“0”）。

5）机床坐标轴无超极限信号（*+Ln、*-Ln 为“1”）。

3. 操作方式选择

坐标轴的运动方式可以通过 PMC→CNC 的“操作方式选择”信号选择，操作方式选择信号的状态与 CNC 操作方式之间的关系见表 9-2-1。

表 9-2-1 方式选择信号和确认信号的关系

方式		输入信号					输出信号
		MD4	MD2	MD1	DNC1	ZRN	
自动运行	手动数据输入(MDI)	0	0	0	—	—	MMDI
	存储器运行	0	0	1	0	—	MMEM
	DNC 运行(RMT)	0	0	1	1	—	MRMT

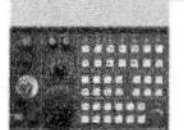

（续）

方式		输入信号					输出信号
		MD4	MD2	MD1	DNC1	ZRN	
存储器编辑（EDIT）		0	0	1	1	—	—
手动运行	手控手轮/增量进给（HANDLE/INC）	1	0	0	—	—	MH，MINC
	JOG 进给	1	0	1	—	0	MJ
	手动参考点返回	1	0	1	—	1	MREF

注：“—”表示与信号状态无关。

二、操作相关按键介绍

操作相关按键介绍见表 9-2-2。

表 9-2-2 操作相关按键

按钮/开关	名称	作用
	进给速度倍率开关	选择手动连续进给的进给速度
	快速移动	按此按钮，选择快速进给速度
100% 50% 250% F0	快速移动速度倍率开关（选择）	4 级快速移动速度切换
X Y Z 4 5 6	轴选择按钮	手动进给/手轮移动时，选择需要移动的轴
+ –	手动轴移动	按此按钮，使轴沿正/负向移动

三、相关参数设定

1. 各轴手动连续进给速度

参数	1423	各轴手动连续进给（JOG 进给）时的进给速度［mm/min］

该参数设定的为手动进给速度的基准速度，需要与倍率信号 * JV 进行相乘，得出的速度为实际的手动进给速度。

2. 快速移动速度

参数	1420	快速移动时的速度［mm/min］

快速移动速度受参数设定的最大值、进给电动机的最高转速、机械性能等因素的限制。

3. 手动快速移动速度

参数	1424	各轴手动快速移动时的速度［mm/min］

设为 0 时，使用 1420 参数的设定值。

4. 参考点返回完成之前，手动快速移动是否有效

		#7	#6	#5	#4	#3	#2	#1	#0
参数	1401								RPO

#0：RPD　0：参考点未确立时，手动快速移动无效。
　　　　　1：参考点未确立时，手动快速移动有效。

5. 快速移动倍率的最低速度

参数	1421	快速移动速度的最低速度 F0［mm/min］

设为 0 时，使用 1420 参数的设定值。

6. 要同时移动 2 个轴以及更多个轴时，设定以下参数

		#7	#6	#5	#4	#3	#2	#1	#0
参数	1401								JAX

#0：JAX　0：手动连续进给控制轴数为 1 个轴。
　　　　　1：手动连续进给控制轴数为 3 个轴。

7. 下列参数可以选择使用的互锁种类

		#7	#6	#5	#4	#3	#2	#1	#0
参数	1401						ITX		ITL

#2：ITX　0：使用各轴的互锁信号 * ITX。
　　　　　1：不使用各轴的互锁信号 * ITX。

#0：ITL　0：使用所有轴的互锁信号 * IT。
　　　　　1：不使用所有轴的互锁信号 * IT。

四、手动连续进给的速度控制

1. 各轴手动连续进给速度控制

1）在机床操作面板上，使用旋转开关选择手动连续进给的进给速度。

2）设定手动进给速度 100% 时的进给速度（基准速度）。

1423	各轴手动连续进给（JOG 进给）时的进给速度［mm/min］

手动进给速度 =（参数1423设定值）× 进给倍率信号（%）

例如：参数 1423 设定值为 1000 mm/min，进给倍率开关为 15%，如图 9-2-1 所示。则此时

$$手动进给速度 = 1000\times15\% mm/min = 150mm/min$$

图 9-2-1　进给倍率开关

2. 各轴手动快速移动速度控制

1）在机床操作面板上通过选择快速移动倍率按键 100% 50% 25% F0 选择快速移动速度。

2）解除急停信号。

3）按下机床操作面板上 JOG 方式键，选择手动操作方式。

4）进给倍率开关打到适合的位置（调试时请选择较低的倍率）。

5）按下功能键 POS 数次，显示相对坐标画面，如图 9-2-2 所示。

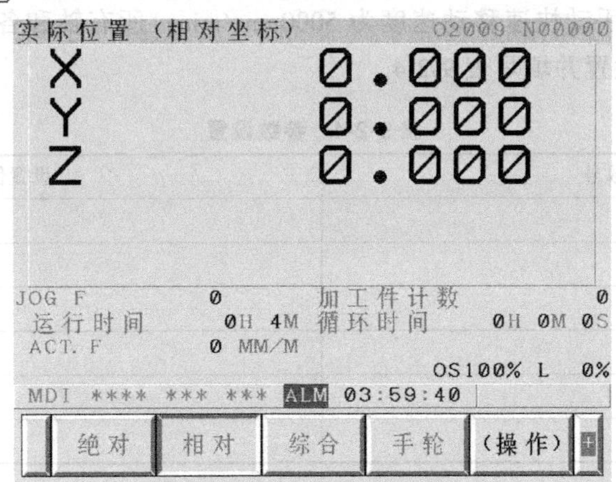

图 9-2-2　相对坐标画面

6）按下软件（操作）、归零、所有轴，相对坐标值清零。

以上四个键的倍率由 ROV1 与 ROV2 信号决定。

		#7	#6	#5	#4	#3	#2	#1	#0
地址	G0014							ROV1	ROV2

ROV1、ROV2 与倍率值关系见表 9-2-3。

表 9-2-3 ROV1、ROV2 与倍率值关系

ROV1	ROV2	倍 率 值
0	0	100%
0	1	50%
1	0	25%
1	1	F0（参数 1421 设定）

7）设定手动快速移动速度（基准速度）。

1424	各轴手动快速移动时的速度［mm/min］

手动快速移动速度=（参数1424设定值）×快速移动倍率（%）

手动快速移动速度= F0（若快速移动倍率选择 F0 ）

例如：参数 1424 设定值为 6000 mm/min，快速移动倍率按键选择 50% ，则此时

手动快速移动速度=6000×50%mm/min=3000mm/min

任务实施

1）任务要求。数控机床能实现同时 3 轴手动进给，参考点建立前快速移动进给有效，快速移动速度为 3000mm/min，快速移动倍率的低速 F0 速度为 60mm/min，手动进给速度基准值为 1000mm/min，手动快速移动速度为 5000mm/min，所有轴和各轴互锁有效。请根据任务要求，进行参数设置并填写表 9-2-4。

表 9-2-4 参数设置

参数号	设置值

2）解除急停信号。

3）按下机床操作面板上 JOG 方式键 WW，选择手动操作方式。

4）进给倍率开关打到适合的位置（调试时请选择较低的倍率）。

5）按下功能键 POS 数次，显示相对坐标画面。

6）按下软件［（操作）］［归零］［所有轴］，相对坐标值清零。

7）按下轴选信号 X Y Z 4 5 6。

8）按下快速移动按键，如果不进行快速移动，直接跳到第 9）步。

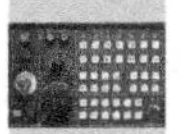

9）按下手动进给方向选择键[+][-]，进行手动连续（快速）进给，观察机床坐标轴是否变化，确认操作状态。

任务评价

填写任务评价表见表 9-2-5。

表 9-2-5　任务评价表

产品类型	所连接实验台规格
系统型号	
机床型号	
任务评价结果	
参数设定	
手动连续进给操作步骤	

思考题

1. 手动连续进给实际速度受哪些条件制约？
2. 快速进给实际速度受哪些条件制约？

任务三　手轮功能调试

任务目标

1. 熟悉手轮功能相关参数的设置。
2. 熟悉手轮的连接。
3. 学会手轮功能的基本调试。

手轮移动

相关知识

一、操作相关按键介绍

操作相关按键介绍见表 9-3-1。

表 9-3-1　操作相关按键

按键符号	名　称	功　能
[X][Y][Z]	手轮轴选择	选择手轮控制的轴
[×1][×10] [×100][×1000]	手动轴移动	按此按钮，使轴沿正/负向移动

二、手轮相关参数设定

1. 手轮使用允许

		#7	#6	#5	#4	#3	#2	#1	#0
参数	8131								HPG

#0：HPG　0：不使用手轮。

1：使用手轮。

2. JOG 方式下是否允许手轮使用

		#7	#6	#5	#4	#3	#2	#1	#0
参数	7100								JHD

#0：JHD　0：在 JOG 方式下，手轮进给不可以使用。

1：在 JOG 方式下，手轮进给可以使用。

3. 手轮进给倍率系数设定参数

参数	7113	手轮进给倍率 m

[数据范围] 1 ~ 2000

此参数设定手轮进给移动量选择信号 MP1=0、MP2=1 时的倍率 m。

参数	7114	手轮进给倍率 n

[数据范围] 1 ~ 2000

此参数设定手轮进给移动量选择信号 MP1=1、MP2=1 时的倍率 n。

手轮倍率信号地址及指定方法如下：

		#7	#6	#5	#4	#3	#2	#1	#0
地址	G0019			MP2	MP1				

手轮倍率信号地址的指定方法见表 9-3-2。

表 9-3-2　手轮倍率信号地址的指定方法

MP2	MP1	倍　率
0	0	×1
0	1	×10
1	0	×m
1	1	×n

4. 各轴手轮进给最大速度

参数	1434	各轴手轮进给最大速度

单位：mm/min

5. 手轮进给时允许的累计脉冲量

参数	7117	手轮进给时允许的累计脉冲量

单位：mm/min

[数据范围] 0~999999999

此参数设定在指定了超过快速移动速度的手轮进给时，不舍去超过快速移动速度量的来自手摇脉冲发生器的脉冲而予以累积的允许量。

三、手轮的连接

1. 手轮的硬件连接

1）手轮接口编号。

手轮一般通过 I/O LINK 连接到系统，其接口编号见表 9-3-3。

表 9-3-3 手轮接口编号

设备模块名称	接口编号	设备模块名称	接口编号
分线盘 I/O 模块	JA3	0i 用 I/O 单元	JA3
机床操作面板 I/O 模块	JA3	标准机床操作面板	JA3/JA58

2）手轮安装在 0i 用 I/O 单元上，JA3 实际位置如图 9-3-1 所示。

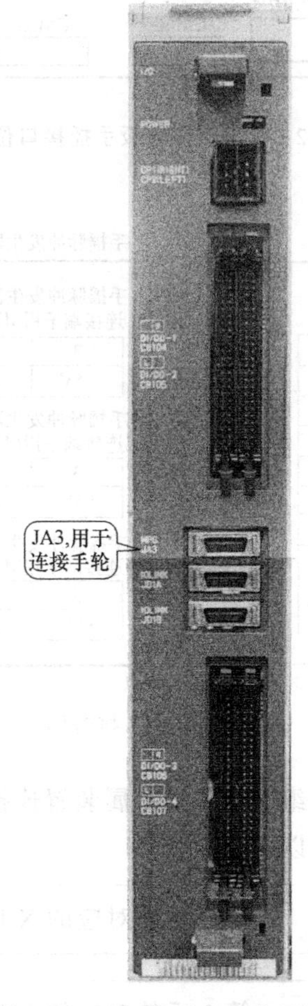

图 9-3-1 I/O 单元 JA3 位置图

项目九 通电与运转方式

3）手轮安装在标准机床操作面板上，JA3 的实际位置如图 9-3-2 所示，JA58 用于具有轴选和倍率选择信号的悬挂式手轮。

4）手轮接口 JA3 的接线如图 9-3-3 所示。

2. 手轮的地址分配

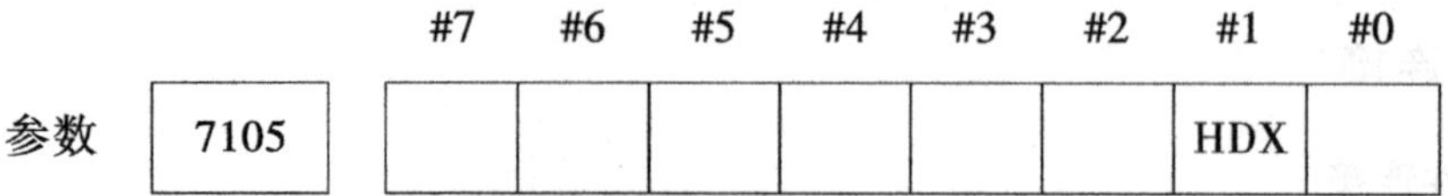

参数		#7	#6	#5	#4	#3	#2	#1	#0
参数	7105							HDX	

1：HDX　I/O LINK 连接的手轮

0：假设为自动设定。

1：假设为手动设定。

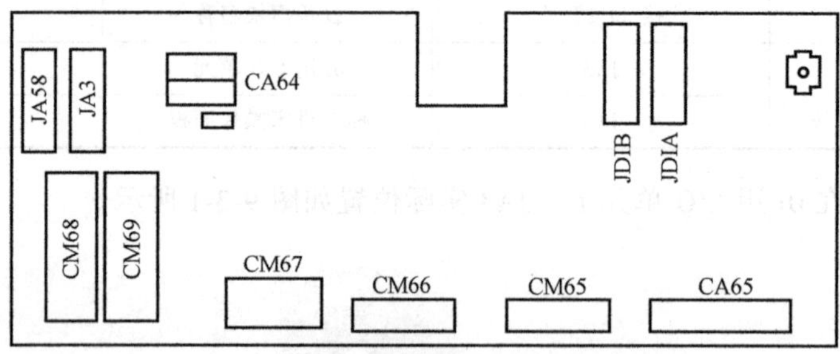

图 9-3-2　机床操作面板手摇接口位置图

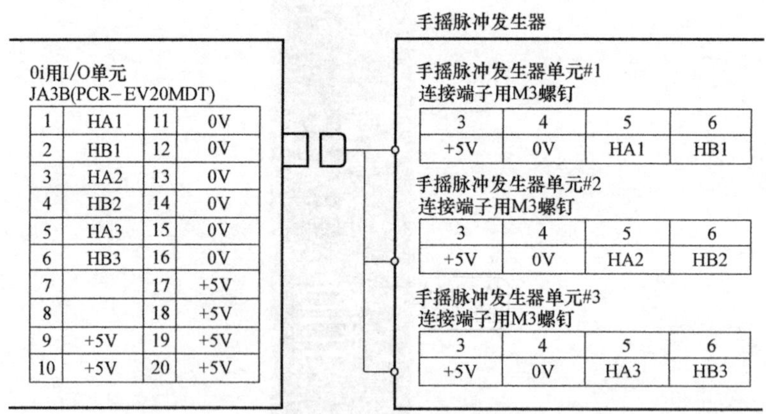

图 9-3-3　JA3 接线图

在自动设定方式下，手轮选择组号最小的从属装置连接。参数 12300~12303 自动设定。

在手动设定方式下，需要设定以下参数：

参数	12300	第 1 手轮对应的 X 地址
参数	12301	第 2 手轮对应的 X 地址

参数	12302	第 3 手轮对应的 X 地址

手轮地址分配时应注意：

1）连接手轮模块必须为 16 字节。一般情况下，手轮连接在离 CNC 最近的一个 16 字节（OC02I）I/O 模块的 JA3 接口上，这种情况下，可以使用上述的手轮连接“自动设定”方式。

2）手轮如果没有连接在离 CNC 最近的 16 字节 I/O 模块上，则必须设定系统参数 7105#1=1，使用手轮连接“手动方式”，并在参数 12300~12302 中分配手轮相对应的地址。

3）在分配手轮的 16 字节 I/O 模块中，必须把最后四个字节分配给手轮，也就是（Xm+12）~（Xm+15），其中（Xm+12）~（Xm+14）分别对应三个手轮的输入信号。如果只连接了一个手轮，旋转一个手轮时可以看到 Xm+12 中信号在变化。Xm+15 用于输出信号的报警。

任务实施

1）任务要求。机床连接一台手摇脉冲发生器，手轮最大进给速度为 4000mm/min，倍率×1、×10、×100 有效。请根据要求设置相应参数，并填写表 9-3-4。

表 9-3-4　参数设置

参　数　号	设　置　值

2）按下机床操作面板上手轮方式键[⊗]，选择手轮操作方式。

3）按 [X] [Y] [Z] 键，选择手轮控制的进给轴。

4）按下 [×1] [×10] [×100] 键，选择手轮进给倍率。

5）转动手摇脉冲发生器，在仅发出一个脉冲的情况下，确认动作。

6）当选择手轮方式以外的运行方式时，确认手轮进给轴选择和倍率选择指示灯自动切断。

7）快速摇动手轮，确认手轮进给的速度不会超过设定的最大速度。

任务评价

填写任务评价表见表 9-3-5。

表 9-3-5 任务评价表

产品类型	所连接实验台规格
系统型号	
机床型号	
任务评价结果	
参数设定	
手轮操作步骤	

思考题

1. 手轮在地址分配的时候有哪些注意点？
2. 若手轮选择×100 进给倍率时，手轮操作无反应，试分析其原因。

项目十　数控机床故障诊断与排除

项目描述

数控机床基本由数控系统、伺服进给单元、机床控制电路、伺服变压器等组成。各进给轴由伺服电动机控制，主轴由变频器控制，刀架采用四工位电动刀架。根据岗位技能要求，进行数控机床的故障诊断与维修。本项目主要通过产生故障、故障分析、故障诊断、线路检查、故障点确定及故障排除等过程培养学生对数控机床的维修能力。

项目重点

1. 认识数控机床各部分的基本功能。
2. 掌握数控机床故障的基本诊断方法。
3. 掌握数控机床故障的基本排除方法。

任务一　刀架功能的故障诊断与排除

任务目标

1. 了解数控机床刀架常见故障。
2. 掌握刀架故障的诊断和排除方法。

相关知识

一、数控机床维修诊断手段的发展

数控机床的机械部件采用模块化、专业化制造，如滚珠丝杠、直线导轨、机械主轴、数控刀塔、数控转台等均是由各专业制造商制造的。目前，国内常见的中高档数控机床广泛采用 THK 或 NSK 的滚珠丝杠和直线导轨，机床厂生产的数控车床和车削中心采用意大利的数控刀架。机床厂已从传统的零部件设计、生产、组装“面面俱到”的生产方式，转变为机电一体化“集成应用”商。所以作为数控机床的维修人员，修复上述这些专业化生产的机械部件非常困难，例如直线导轨磨损后，没有办法修磨直线导轨的滑道，也无法修复损坏的滑块。

对于新技术应用部件——直线电动机、扭矩电动机、电主轴等，由于现场的工艺条件和现有技术手段的限制，现场设备维修人员修复这些部件也是非常困难的，例如 FANUC 的高速电主轴对装配调试工艺要求非常高，必须经过专门的培训后才可拆装，否则主轴速度达不到出厂指标。

电路板不能修，很多机械部件也不能修，机电一体化部件更碰不得，那么现场维修人员修什么呢？这就需要从传统的维修概念中摆脱出来。二十世纪七八十年代的数控维修人员需要对模拟电路、数字电路有比较深入的了解，由于当时的制造技术还是基于模拟电路和中规模数字电路搭建的硬件环境，元器件大都采用标准元器件，可以通过电烙铁、万用表、示波器修理损坏的电路板。当前的数控技术紧随着 IT 产业的进步而改变，目前 FANUC 数控系统除了 CPU 和存储器采用标准制造商的产品外，CPU 周边大量的外围芯片均由自己设计开发，例如数字伺服处理、RS-232 通信、字符及图形显示等。另外，系统各环节之间的数据传送也由 20 年前以“并行传送”为主，改变为目前的以“串行传送”为主。在“串行传送”的环境下，用示波器已无法诊断信号的来龙去脉，万用表更是无能为力。目前示波器和万用表仅作为一些并行信号或静态信号的检测工具，对伺服放大器或电源模块的维修还有些帮助，但是对于 CNC 系统本身和数字伺服部分的维修帮助非常有限。

现今较为有效的维修诊断手段是由数控系统制造商来提供的，如 FANUC 0i 系列的 PMC TRACER（接口信号跟踪诊断）、数字伺服波形画面等功能。

归纳前面所描述的数控机床的结构和特点，我们不难发现现场维修人员的主要工作不是修复电路板，而是利用现有手段（数控制造商提供的各种监控或诊断方法），特别是借助计算机或人机界面，及时准确地判断出故障类型，确定维修方向：机械、电气、液压、工艺。如果是电气故障应及时判断出是 CNC、伺服部分还是 PMC 接口电路出现了故障，并找出故障点，然后利用最直接有效的渠道迅速买到配件，正确更换配件。

而正确更换配件也是一件需要重视的工作，数控系统的某些重要数据是存放在 SRAM 中的，数据有易失性，更换 CNC 主板或存储器板会造成数据丢失。更换好硬件后进行恢复数据，就成为正确更换配件的工作之一。如果仅会更换硬件，而不会恢复数据，等于不会维修数控机床，因为你无法使机床进入正常工作状态。

随着数控机床的发展，从维修实践中体会到，机械和控制系统的结构越来越简单，能够处理的硬件越来越少，而对各类软件的使用要求却越来越高。如现场维修人员需要掌握 FANUC 梯形图编程软件 FLADDER Ⅲ以及各种随机诊断软件和网络通信软件。

二、自动换刀装置简介

数控机床为了能在一次工件装夹中完成多种甚至所有加工工序，缩短辅助时间，减少多次安装工件所引起的误差，则需要带有自动换刀装置。这样不仅可以提高机床的生产效率，扩大数控机床的功能和使用范围，而且由于零件在一次安装中完成多种工序加工，大大减少了零件的装夹次数，进一步提高了零件的加工精度。

数控机床自动换刀装置的主要类型、特点及适用范围见表 10-1-1。

三、自动回转刀架

数控车床上大都使用结构简单的回转刀架作为自动换刀装置，根据不同加工对象，有四工位刀架和六工位刀架等多种形式，回转刀架上分别装着四把、六把或更多的刀具，并按数

控装置的指令换刀。回转刀架又分为立式和卧式两种，立式刀架的回转轴与机床主轴成垂直布置，经济型数控车床多采用这种刀架。立式刀架的换刀过程如下：

表 10-1-1　数控机床自动换刀装置的主要类型、特点及适用范围

<table>
<tr><th colspan="2">主要类型</th><th>特点</th><th>适用范围</th></tr>
<tr><td rowspan="2">转塔型</td><td>回转刀架</td><td>多为顺序换刀，换刀时间短，结构简单紧凑，可容纳刀具较少</td><td>各种数控车床、车削中心机床</td></tr>
<tr><td>转塔头</td><td>顺序换刀，换刀时间短，刀具主轴都集中在转塔头上，结构紧凑，但刚性较差，刀具主轴数受限制</td><td>数控钻床、镗床、铣床</td></tr>
<tr><td rowspan="3">刀库式</td><td>刀库与主轴之间直接换刀</td><td>换刀运动集中，运动部件少，但刀库运动多，布局不灵活，适应性差</td><td rowspan="3">各种类型的自动换刀数控机床，尤其是对数控镗、铣类立式或卧式加工中心机床，要根据工艺范围和机床特点，确定刀库容量和自动换刀装置类型</td></tr>
<tr><td>用机械手配合刀库进行换刀</td><td>刀库只有选刀运动，机械手进行换刀运动，比刀库换刀运动惯性小，速度快</td></tr>
<tr><td>用机械手、运输装置配合刀库换刀</td><td>换刀运动分散，由多个部件实现，运动部件多，但布局灵活，适应性好</td></tr>
<tr><td colspan="2">有刀库的转塔头换刀装置</td><td>弥补转塔换刀数量不足的缺点，换刀时间短</td><td>扩大工艺范围的各类转塔型数控机床</td></tr>
</table>

1）刀架抬起。当数控系统发出换刀指令后，刀架电动机带动蜗轮蜗杆机构抬起刀架。

2）刀架转位。刀架抬起后，内部机构继续运行，带动刀架转过 90°（如不到位，刀架还可继续转位 180°、270°、360°），并由霍尔开关发出粗定位信号给数控系统。

3）刀架锁紧。刀架到位后，数控系统发出信号使刀架电动机反转，于是刀架下移，机械精准定位，反转时间到，刀架电动机停止转动，从而完成一次换刀。

四、电动刀架的工作原理

以 LD4 系列电动刀架为例，它采用由销盘、内端齿、外端齿盘组合而成的三端齿定位机构，利用蜗轮蜗杆传动、齿盘啮合、螺杆夹紧的工作原理。当系统没有发出换刀信号时，当前刀位的霍尔元件信号处于低电平。当系统要求刀架换到某一刀位时，系统便通过输出口发出高电平信号，此时继电器得电吸合，使接触器得电吸合，刀架电动机正转。当刀架转至所需刀位时，该刀位霍尔元件在磁钢作用下发出低电平信号，系统接收到低电平信号后断开刀架正转信号，同时发出刀架反转信号，使反转继电器得电吸合，接触器也得电吸合，刀架反转卡紧；到达卡紧时间后，刀架电动机停止反转，这样就完成了一次换刀控制。

刀架动作顺序如下：

换刀信号→电动机正转→上刀体转位→到位信号→电动机反转→粗定位→精定位夹紧→电动机停转→换刀完毕应答信号→加工继续进行。

五、刀架常见故障

刀架常见故障有刀架不转、刀架不能反向锁紧和找不到刀位，具体内容见表 10-1-2。

表 10-1-2 刀架常见故障

故障现象	故障内容	故障分析
刀架不转	按下换刀按钮,刀架不转	查找刀架正转回路 查看 PMC 中刀架正转信号
刀架不能反向锁紧	按下换刀按钮,刀架正转,能找到刀位,但是无法锁紧刀架	查找刀架反转回路 查看 PMC 中刀架反转信号
找不到刀位	按下换刀按钮,刀架旋转不停	查看 PMC 中刀位信号

一、四工位电动刀架的手动操作步骤

1）在运转电动刀架之前需将各轴进行回参考点操作。

2）按下控制面板上的“手动”按键，其左上角的指示灯亮起，且数控机床控制面板屏幕的左下角显示“JOG”，表示开启了“JOG”运行方式。

3）按下控制面板上的“手动选刀”键，其左上角的指示灯亮起，刀架刀塔升起，开始正转；当感应到下一刀位信号后，刀架停止正转，反转信号输出，刀架刀塔落下，开始反转锁紧；当反转锁紧时间到达后，反转控制信号停止输出，刀架停止反转锁紧动作，表示刀架换刀结束。

4）若需继续手动换下一把刀，则重复第 3）步骤即可。

二、四工位电动刀架的自动操作步骤

在操作面板上选择“MDI”方式，按“PROG”功能键，输入“T0100”（当前不是一号刀的情况下）。T0100 中的前两位 01 表示刀号，后两位 00 表示刀具补偿值（刀具补偿值为 0）。按“EOB”分号键，再按“INSERT”插入键，最后按“循环启动”按钮，观察刀架运行情况。

三、维修实例

某工厂一台数控机床在 MDA 状态下输入换刀指令 T0100、T0200、T0300、T0400，发现 1 号刀、2 号刀、3 号刀都能正常换刀，4 号刀无法正常换刀。对于这个故障应该如何来解决？

1. 刀架故障分析流程图（见图 10-1-1）

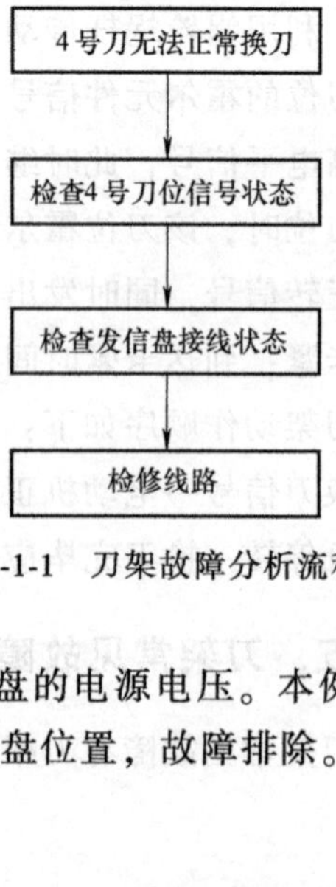

4号刀无法正常换刀 → 检查4号刀位信号状态 → 检查发信盘接线状态 → 检修线路

图 10-1-1 刀架故障分析流程图

2. 拆卸电动刀架发信盘

1）拆卸发信盘盖。用内六角螺钉旋具拧下发信盘上的 4 颗螺钉，如图 10-1-2 所示。

2）调整发信盘位置。调整发信盘位置，如图 10-1-3 所示，通过 PMC 状态表来判断发信盘的好坏，同时也需要测量发信盘的电源电压。本例中发信盘 4 号刀位信号线松动，导致 4 号刀位信号丢失，重新调整发信盘位置，故障排除。

图 10-1-2　拆卸发信盘盖

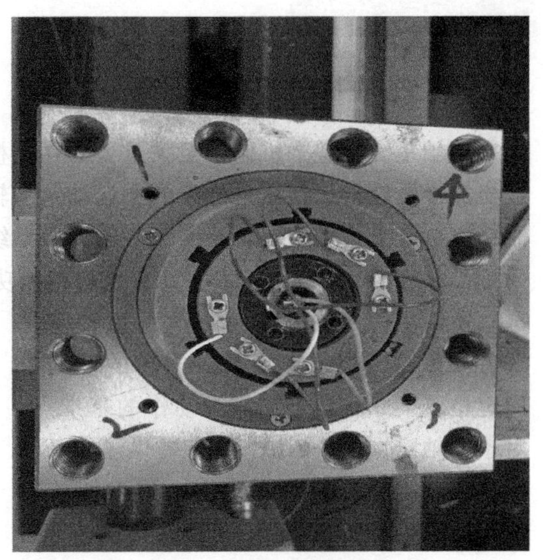
图 10-1-3　发信盘线路

任务评价

填写任务评价表见表 10-1-3。

表 10-1-3　任务评价表

产品类型	所连接实验台规格
系统型号	
机床型号	
任务评价结果	
故障分析	
故障修复	

思考题

1. 刀架故障有几种？
2. 刀架故障诊断的思路是什么？

任务二　主轴功能的故障诊断与排除

主轴功能的故障诊断与排除

任务目标

1. 了解数控机床主轴常见故障。
2. 掌握主轴故障的诊断和排除方法。

一、主轴系统与主轴定向

主轴系统是整个机床中至关重要的功能模块，它是整个切削过程中切削力的主要来源，在机床中做旋转运动，是机床的主运动。主轴系统中的关键部分是主轴伺服驱动系统，其控制精度决定了主轴的旋转精度。主轴伺服系统采用微处理器控制技术进行矢量计算。主回路采用晶体管 PWM 控制技术，具有定向控制功能。

所谓主轴定向，是指在执行主轴定位或者换刀时，必须将主轴在回转的圆周方向定位于某一转角上，作为动作的基准点。对于主轴定向，FANUC 系统提供了以下 3 种方法：用位置编码器定向、用磁性传感器定向、用外部转换信号（如接近开关）定向。本实训设备的串行主轴采用了电动机内部的 MZi 传感器定向，如图 10-2-1 所示。

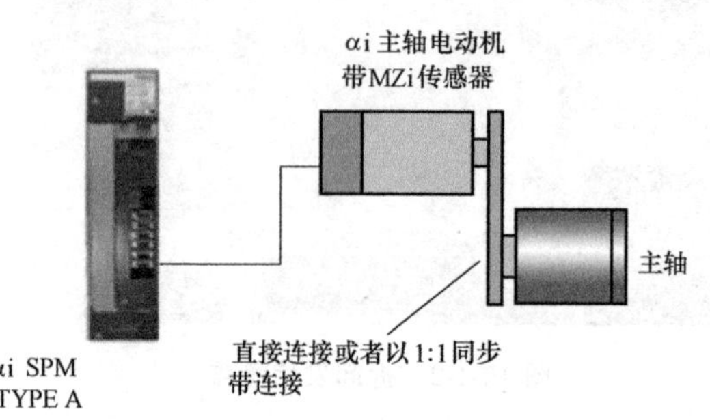

图 10-2-1 主轴定向连接图

二、数控机床主轴常见故障

数控机床主轴常见故障见表 10-2-1，电动机过热、速度偏差太大、超速等，都是比较常见的故障。

表 10-2-1 数控机床主轴常见故障

报警号	信号	放大器显示	故障内容	故障位置和处理办法
SP9001	SSPA：01 电动机过热	01	1. 电动机内部温度超过额定值 2. 超过额定值连续使用或者冷却元件异常	1. 检查并修改周围温度和负载情况 2. 如果冷却风扇停转就要更换
SP9002	SSPA：02 速度偏差太大	02	1. 电动机的速度不能追随指定速度 2. 电动机负载转矩过大 3. 参数(No. 4082)加/减速中时间值不足	1. 通过检查并修改切削条件来降低负载 2. 修改参数(No. 4082)
SP9003	SSPA：03 DC LINK 熔体熔断	03	1. 主轴放大器内部的 DC LINK 熔体熔断 2. 功率元件受损或者电动机接地故障	1. 更换主轴放大器 2. 检查电动机的绝缘状态
SP9004	SSPA：04 电源断相/熔体熔断	04	检测出共用电源的电源断相。(共用电源报警显示 E)	确认共用电源的输入电源的电压以及连接状态
SP9006	热继电器断线	06	电动机的温度传感器断线	1. 检查并修改参数 2. 更换反馈电缆

（续）

报警号	信号	放大器显示	故障内容	故障位置和处理办法
SP9007	SSPA：07 超速	07	主轴处在位置控制方式时，位置偏差处在极端蓄积的状态（主轴同步时切断 SFR、SRV）	检查顺序上有没有错误
SP9009	SSPA：09 主电路过热	09	功率半导体冷却用散热器的温度异常上升	1. 改进降温装置的冷却情况 2. 外部散散器冷却用风扇停止时，更换主轴放大器
SP9010	SSPA：10 输入电源电压低	10	检测出主轴放大器的输入电源电压下降	1. 共用电源的输入电源电压不足 2. 检查放大器之间的电源电缆是否异常 3. 检查主轴放大器是否异常

任务实施

一、实训内容与步骤

1. 显示“主轴监控”画面

1）设定参数 3111#1（SPS）即设定是否显示主轴调整画面。设定值为 1，显示主轴调整画面。

2）按下 MDI 键盘区的“SYSTEM”功能键，然后单击“+”，直到显示“主轴设定”菜单，如图 10-2-2 所示。

3）单击“SP 设定”，出现主轴设定调整画面。单击“SP 监测”，进入“主轴监控”画面，如图 10-2-3 所示。

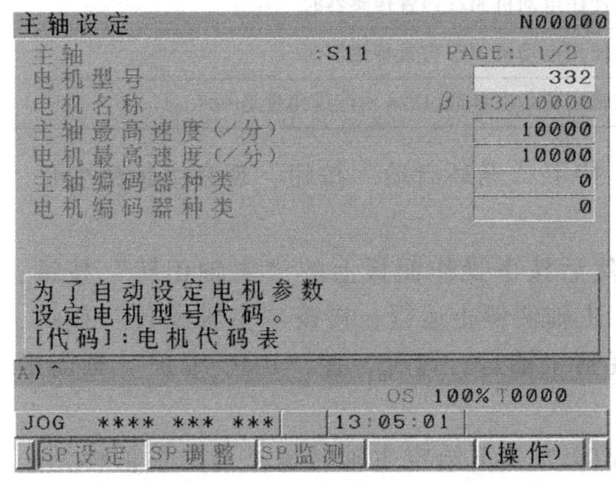

图 10-2-2 “主轴设定”菜单

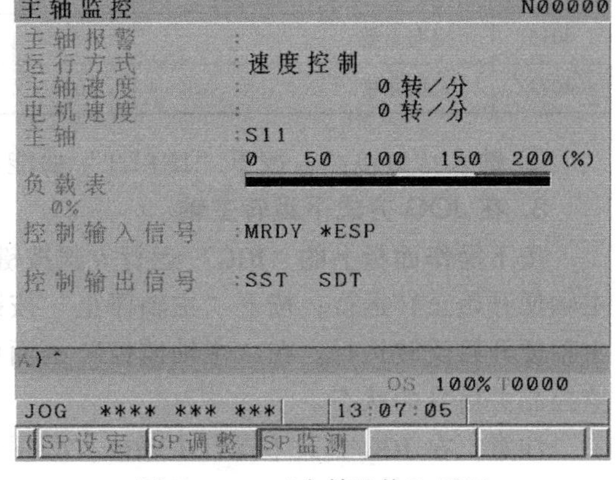

图 10-2-3 “主轴监控”画面

2. 在 MDI 方式下运行主轴

1）按下 MDI 键盘区的“PROG”功能键，选择“MDI”进入“程序（MDI）”画面，如图 10-2-4 所示。

2）键入“M03 S1000;”，按下 MDI 键盘区的“INPUT”功能键。

3）按下“循环启动”按钮，主轴开始以约 1000r/min 的速度正转。

4）在“主轴监控”画面中观察主轴运行情况，在“PMC 维护”画面中监控相关信号的状态，如图 10-2-5 所示。

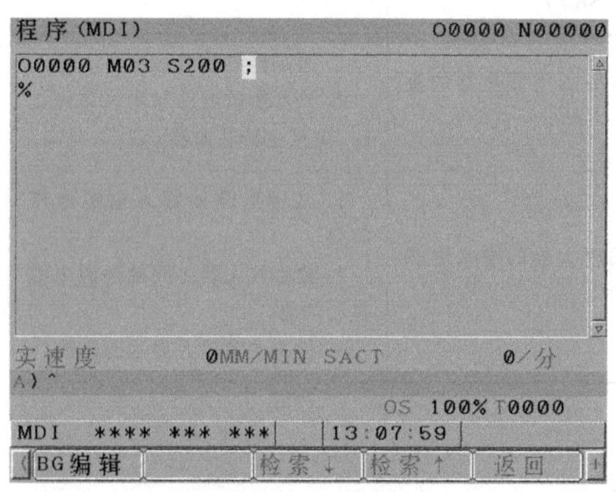

图 10-2-4 MDI 画面

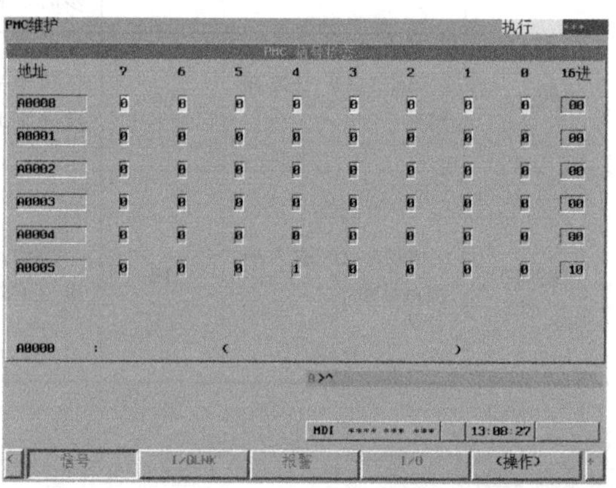

图 10-2-5 PMC 信号状态监控画面

5）键入“M05;”，按下“INPUT”功能键，按下“循环启动”按钮，主轴停止运转，重复步骤 4)，观察各信号状态的变化。

6）主轴定向。

① 首先设置主轴定向参数见表 10-2-2。

表 10-2-2 主轴定向参数表

参数号	意义	设定值	备 注
4002#1	外置编码器	1	当使用编码器定位时
4002#0	使用电动机内置编码器	1	当使用电动机 MZi 内置传感器时
4010#0	使用电动机内置编码器	1	当使用电动机 MZi 内置传感器时
4015	定向有效	1	当使用电动机 MZi 内置传感器时
4077	定向角度	1024	主轴定向角度参数，1024 对应的角度是 90°

② 键入“M19;”，按下“INPUT”功能键，按下“循环启动”按钮，观察主轴的变化。

3. 在 JOG 方式下运转主轴

按下操作面板上的“JOG”运行方式按键，然后按下操作面板上的“主轴正转”按键，主轴便开始正转运行；按下“主轴停止”按键，主轴便停止运行；再按“主轴反转”按键，主轴便开始反转运行。在“主轴监控”画面中观察主轴运行情况，在“PMC 维护”画面中监控相关信号的状态。

注意：在 JOG 方式下运行主轴前，必须在 MDI 方式下给定主轴转速，否则主轴将无法运行。

二、维修实例

某加工厂数控机床在 JOG 状态下按下“主轴正转”按键，发现主轴不转。

1. **故障分析流程图**（见图 10-2-6）

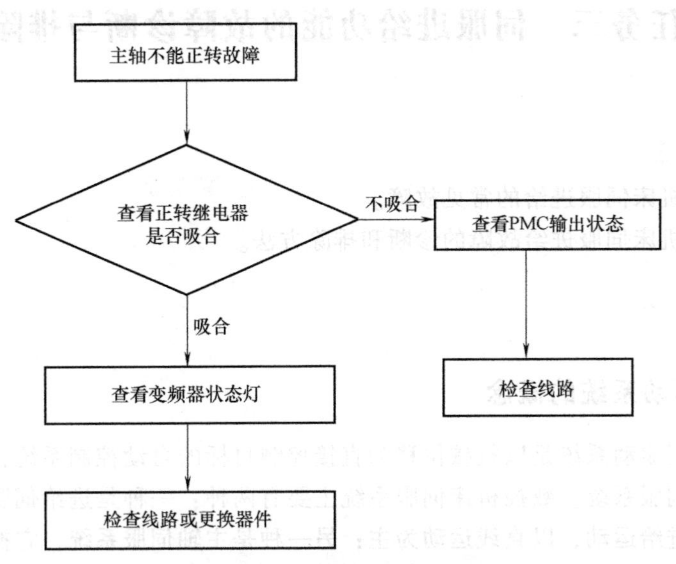

图 10-2-6 主轴故障分析流程图

2. **故障诊断与分析**

查看 PMC 输出状态及继电器输出指示灯，检查主轴驱动参数。确认无误后，断开总电源，用万用表检查主轴相关线路，如图 10-2-7 所示。经检查，发现主轴驱动器接插件 I/O 端 9 号线与继电器板 XT2 的 9 号线处，用万用表测量显示电阻值为∞，说明此线路有断路故障。

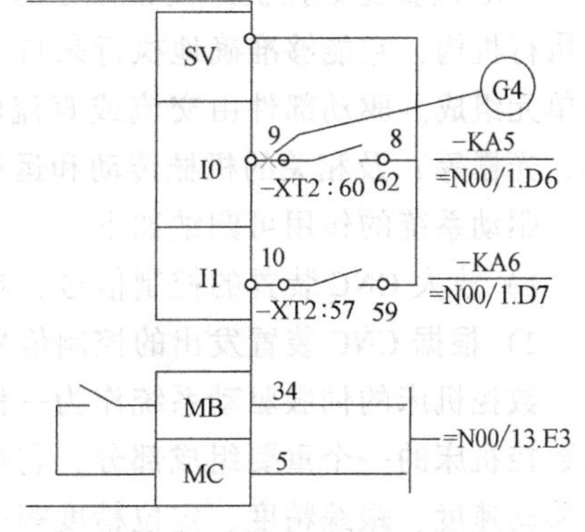

图 10-2-7 主轴相关线路

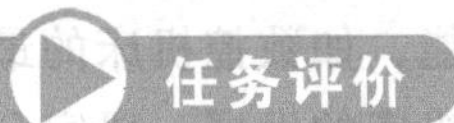

任务评价

填写任务评价表见表 10-2-3。

表 10-2-3 任务评价表

产品类型	所连接实验台规格
系统型号	
机床型号	
任务评价结果	
故障分析	
故障修复	

思考题

1. 主轴故障有哪些？
2. 主轴故障诊断的思路是怎样的？

任务三 伺服进给功能的故障诊断与排除

任务目标

1. 了解数控机床伺服进给的常见故障。
2. 掌握数控机床伺服进给故障的诊断和排除方法。

相关知识

一、伺服驱动系统的概念

数控机床伺服驱动系统是以机械位移为直接控制目标的自动控制系统，也可称为位置随动系统，简称为伺服系统。数控机床伺服系统主要有两种：一种是进给伺服系统，它控制机床坐标轴的切削进给运动，以直线运动为主；另一种是主轴伺服系统，它控制主轴的切削运动，以旋转运动为主。

CNC 装置是数控机床发布命令的“大脑”，而伺服驱动则为数控机床的“四肢”，是一种执行机构，它能够准确地执行来自 CNC 装置的运动指令。驱动装置由驱动部件和速度控制单元组成。驱动部件由交流或直流电动机、位置检测元件（例如旋转变压器、感应同步器、光栅等）及相关的机械传动和运动部件（滚珠丝杠副、齿轮副及工作台等）组成。

驱动系统的作用可归纳如下：

1）放大 CNC 装置的控制信号，具有功率输出的能力。

2）根据 CNC 装置发出的控制信号对机床移动部件的位置和速度进行控制。

数控机床的伺服驱动系统作为一种实现切削刀具与工件间运动的进给驱动和执行机构，是数控机床的一个重要组成部分，它在很大程度上决定了数控机床的性能，如数控机床的最高移动速度、跟踪精度、定位精度等一系列重要指标。因此，随着数控机床的发展，研究和开发高性能的伺服驱动系统一直是现代数控机床研究的关键技术之一。

二、伺服驱动系统的组成

通常开环控制不需要位置检测及反馈，而闭环控制需要。位置控制的职能是精确地控制机床运动部件的坐标位置，快速而准确地跟踪指令运动。一般开环伺服驱动系统由驱动控制单元、执行元件和机床组成。闭环驱动系统主要由以下几个部分组成。

1. 驱动装置

驱动电路接收 CNC 发出的指令，并将输入信号转换成电压信号，经过功率放大后，驱动电动机旋转。转速的高低由指令控制。若要实现恒速控制功能，驱动电路应能接收速度反馈信号，将反馈信号与微型计算机的输入信号进行比较，将差值信号作为控制信号，使电动机保持恒速转动。

2. 执行元件

执行元件可以是步进电动机、直流电动机，也可以是交流电动机。采用步进电动机的通常是开环控制。

3. 传动机构

传动机构包括减速装置和滚珠丝杠等。若采用直线电动机作为执行元件，则传动机构与执行元件为一体。

4. 检测元件及反馈电路

检测元件及反馈电路包括速度反馈和位置反馈，有旋转变压器、光电编码器和光栅等。用于速度反馈的检测元件一般安装在电动机上。用于位置反馈的检测元件则根据闭环的方式不同而安装在电动机或机床上，在半闭环控制时速度反馈和位置反馈的检测元件一般共用电动机上的光电编码器；对于全闭环控制则分别采用各自独立的检测元件。

三、数控机床伺服系统常见故障

数控机床伺服系统常见故障见表 10-3-1，伺服就绪信号关闭、误差过大、移动量过大等，都是比较常见的故障。

表 10-3-1　数控机床伺服系统常见故障

报警号	故障现象	故障分析
SV0401	伺服 V = =就绪信号关闭	位置控制的就绪信号(PRDY)处在接通状态而速度控制的就绪信号(VRDY)被断开
SV0403	硬件/软件 = =不匹配	轴控制卡和伺服软件的组合不正确 可能是由于如下原因所致： 1)没有提供正确的轴控制卡 2)闪存中没有安装正确的伺服软件
SV0404	伺服 V = =就绪信号接通	位置控制的就绪信号(PRDY)处在断开状态而速度控制的就绪信号(VRDY)被接通
SV0407	误差过大	同步轴的位置偏差量超出了设定值(仅限同步控制中)
SV0409	检测的转矩异常	在伺服电动机或者 Cs 轴、主轴定位轴(T 系列)中检测出异常负载 不能通过 RESET 键来解除报警
SV0410	停止时误差太大	停止时的位置偏差量超过了参数(No. 1829)中设定的值
SV0411	运动时误差太大	移动中的位置偏差量比参数(No. 1828)设定值大得多
SV0413	轴 LS1 溢出	位置偏差量的计数器溢出
SV0415	移动量过大	指定了超过移动速度限制的速度

四、伺服参数设置的作用

FANUC 数控系统适合控制多种规格的伺服电动机。伺服电动机转矩不同，机床规格不同，伺服电动机的参数也不同。为了使 FANUC 数控系统适应具体的伺服电动机控制，机床制造商必须进行伺服电动机参数设置。

伺服电动机参数有几百个，涉及大量的现代控制理论。伺服驱动器和伺服电动机制造厂家通过大量实验和测试获得伺服参数，并存放在只读存储器 FLASH ROM 中，通过伺服参数设定的引导，把只读存储器 FLASH ROM 中的参数传送到伺服放大器中，就是伺服参数初始化。通过伺服参数初始化和调整，把机床信息和伺服电动机信息提供给数控系统，数控系统才能“个性化”地控制伺服电动机，满足机床制造商的设计要求。

参数设定页面的进入步骤：急停/MDI 方式⟶按 SYSTEM 键数次⟶伺服设定⟶操作⟶选择⟶切换，进入如图 10-3-1 所示的画面。

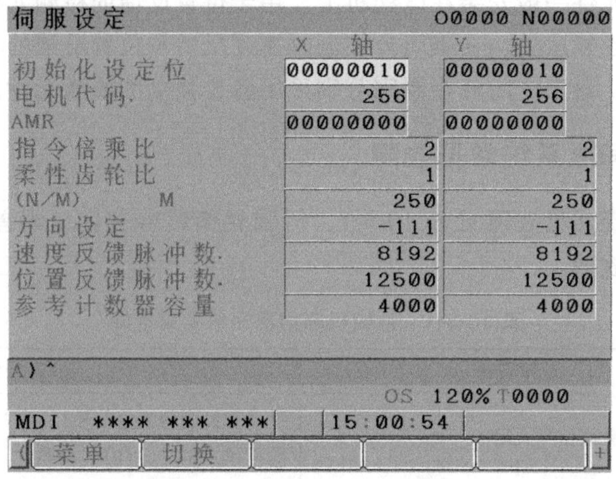

图 10-3-1 伺服设定画面

五、案例分析

以 XKL850 数控铣床为例，具体机床参数见表 10-3-2，试完成伺服参数设置。

表 10-3-2 XKL850 数控铣床相关参数

项 目		主要参数
X、Y、Z 轴伺服电动机型号		αis22/4000
X、Y、Z 轴伺服电动机扭矩	N·m	22
X、Y、Z 轴丝杠螺距	mm	10
电动机与丝杠齿轮比		1∶1
检测单位	mm	0.001

1. 初始化设定

初始化时设为 00000000，下一次 CNC 重新上电时，就可以将伺服参数初始化页面中设置的参数进行初始化，即把伺服电动机代码相应的基本参数从 FLASH ROM 传给 SRAM。

若初始化成功，将自动设定 DGPR（#1）= 1，00000010。

2. 电动机代码

FANUC 数控系统 FLASH ROM 中存放有很多种伺服电动机数据，要想从数控系统 FLASH ROM 中找出一种适合具体情况的伺服电动机参数写到 SRAM 中，只有机床制造商在调试时把具体的伺服电动机规格相应的代码设置到 SRAM 中，在每次系统才会上电时，数控系统才会自动把 FLASH ROM 中对应的伺服电动机参数写到 SRAM 中来控制伺服电动机。常见 i 系列伺服电动机代码表见表 10-3-3 所示，其余伺服电动机代码可以参阅 αi 和 βi 系列

伺服放大器手册。

表 10-3-3　常见 i 系列伺服电动机代码表

型号	β4/4000is	β8/3000is	β12/3000is	β22/2000is	αc4/3000
代码	156(256)	158(258)	172(272)	174(274)	171(271)
型号	αc8/2000is	αc12/2000is	αc22/2000is	αc30/1500is	α2/5000is
代码	176(276)	191(291)	196(296)	201(301)	155(255)
型号	α4/3000is	α8/3000is	α12/3000is	α22/3000is	α30/3000is
代码	173(273)	177(277)	193(293)	197(297)	203(303)
型号	α40/3000is	α4/5000is	α8/4000is	α12/4000is	α22/4000is
代码	207(307)	165(265)	185(285)	188(288)	215(315)
型号	α30/4000is	α40/4000is		β0.5/5000is	β1/5000is
代码	218(318)	222(322)		151	152

3. AMR

此系数相当于伺服电动机的极数参数。若是 αis/βis/αif 系列伺服电动机，务必将其设为 00000000。

4. 指令倍乘比（CMR）

此系数为指令单位和检测单位之比。通常，指令单位=检测单位，即指令倍乘比为 1。根据表 10-3-1 当指令倍乘比为 0.5~48 时，设定值=2×指令倍乘比。

5. 柔性齿轮比（N/M）

柔性齿轮比（N/M）用于确定机床的检测单位，即反馈给位置误差寄存器的 1 个指令脉冲所代表的机床位移量。根据螺距和传动比设定。系统最小指令脉冲当量为 0.001mm/pulse，且系统计算电动机 1 转时的计数脉冲为 1000000 个。

$$柔性齿轮比(N/M)=\frac{检测器每转所需的位置反馈脉冲数}{1000000}$$

根据表 10-3-1，$N/M=\frac{电动机每转所需位置反馈脉冲数}{1000000}=10mm/0.001mm/1000000=1/100$

6. 方向设定

将伺服电动机安装在机床上运行，发现伺服电动机通过滚珠丝杠带动滑台移动的方向不符合设计需求，可以通过改变“方向设定”栏的设定来达到改变伺服电动机运行方向的目的。正方向为 111，反方向为-111。伺服电动机不能通过改变任意两根导线来达到改变伺服电动机运行方向的目的，必须通过改变伺服参数来实现。若该参数设置的不是 111 和-111，则数控系统产生报警号 SV417。

7. 速度反馈脉冲数、位置反馈脉冲数

对于半闭环伺服控制的检测反馈结构，速度反馈脉冲数、位置反馈脉冲数的设定分别为固定值 8192 和 12500。

8. 参考计数器容量

参考计数器容量主要用于基于栅格方式返回参考点，其值的设置对于回零精度的影响至关重要。参考计数器容量设定为电动机每转的位置反馈脉冲数（或者其整数分之一），该值同螺距、传动比和检测单位有关。

任务实施

一台 FANUC 0i D 系统数控铣床，出现 SV0417（Z）、SV0466（Z）报警无法解除，报警画面如图 10-3-2 所示。

一、设备参数设定

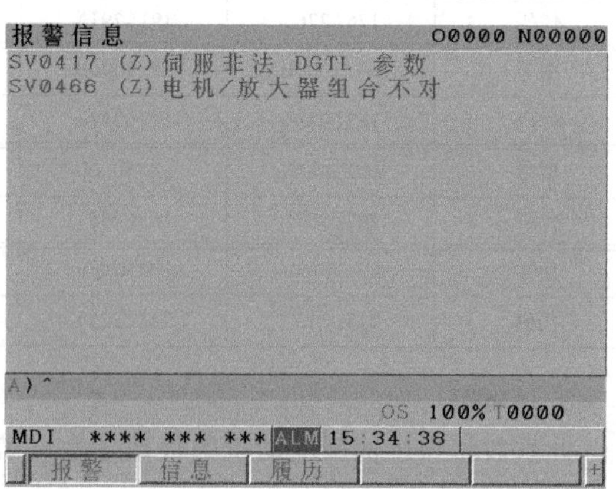

图 10-3-2 伺服报警画面

已知 Z 轴滚珠丝杠螺距为 4mm，伺服电动机与丝杠直连，伺服电动机规格见具体铭牌标识，机床检测单位为 0.001mm，数控指令单位为 0.001mm。

请对 Z 轴重新进行伺服参数设置，解除报警，使机床正常工作。

二、故障排除步骤

1）查阅维修说明书，SV0417（Z）报警原因为：数字伺服参数的设定不正确；SV0466（Z）报警原因为：伺服放大器的最大电流值和电动机最大电流值不同。

2）根据设备参数完成 Z 轴伺服参数设定，如图 10-3-3 所示。

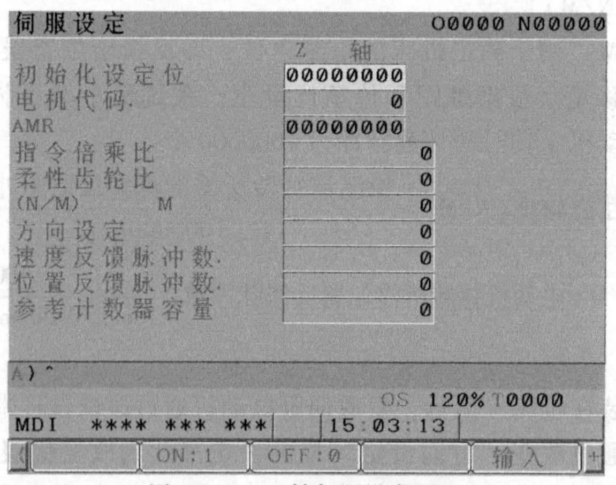

图 10-3-3 Z 轴伺服设定画面

3）验证伺服参数设定的正确性。

按照图 10-3-4 所示流程，完成伺服参数设定正确性验证。

验证方向设定

在JOG方式下，选择Z轴，按“+”键，观察Z轴负载台的运动方向是否与+Z轴方向一致

若相反，则修改方向设定对数

验证柔性齿轮比

1.利用光栅尺连接的数显表，记录负载台的初始位置坐标

2.让Z轴坐标移动一个丝杠螺距的位移，观察此时数显表上是否对应走过一个螺距位移

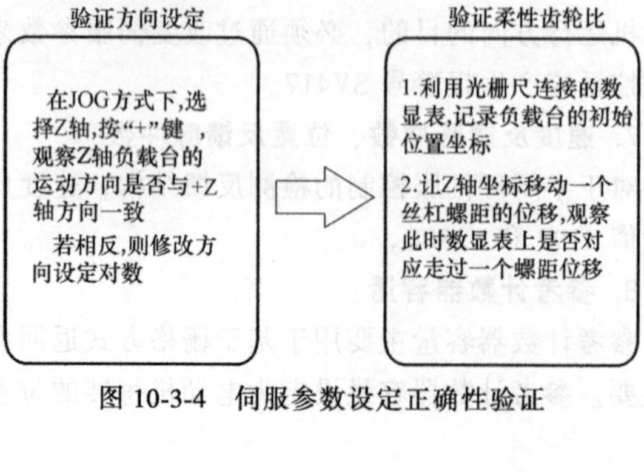

图 10-3-4 伺服参数设定正确性验证

任务评价

填写任务评价表见表 10-3-4。

表 10-3-4　任务评价表

产品类型	所连接实验台规格
系统型号	
机床型号	
任务评价结果	
故障分析	
故障修复	

思考题

1. 伺服进给系统故障有哪些？
2. 伺服进给系统故障诊断的思路是怎样的？

参 考 文 献

[1] 龚仲华. FANUC-0iC 数控系统完全应用手册［M］. 北京：人民邮电出版社，2009.

[2] 邵泽强，黄娟. 机床数控系统技能实训［M］. 2版. 北京：北京理工大学出版社，2009.

[3] 韩鸿鸾. 数控机床电气装调与维修［M］. 北京：中国劳动社会保障出版社，2012.

[4] 黄文广，邵泽强. FANUC 数控系统连接与调试［M］. 北京：高等教育出版社，2011.

[5] 宋松，李兵. FANUC 0i 系列数控系统连接调试与维修诊断［M］. 北京：化学工业出版社，2010.

[6] 周兰，陈少艾. FANUC 0i-D/0i Mate-D 数控系统连接调试与 PMC 编程［M］. 北京：机械工业出版社，2012.

[7] 邵泽强. 数控机床装调维修技术综合实训［M］. 北京：机械工业出版社，2016.

[8] 李敬岩. 数控机床故障诊断与维修［M］. 上海：复旦大学出版社，2013.

[9] 刘利剑. 数控机床调试诊断与维修［M］. 北京：机械工业出版社，2011.